Erneuerbare Energien

Warum wir sie dringend brauchen, aber kaum nutzen

Berichte, Analysen, Argumente

Die Taschenbuchreihe Fakten wird herausgegeben
von Dieter Beste und Marion Kälke

Springer-Verlag Berlin Heidelberg GmbH

Die Deutsche Bibliothek – CIP Einheitsaufnahme

Erneuerbare Energien : warum wir sie dringend brauchen, aber kaum nutzen ; Berichte,
Analysen, Argumente / [Konzeption: Dieter Beste und Marion Kälke (Hrsg.)]. -
Düsseldorf : VDI Verl., 1996
  (Taschenbuchreihe Fakten)
NE. Beste, Dieter [Hrsg.]

ISBN 978-3-540-62742-5   ISBN 978-3-642-86642-5 (eBook)
DOI 10.1007/978-3-642-86642-5

Konzeption: Dieter Beste und Marion Kälke (Hrsg.), Mediakonzept, Düsseldorf
Redaktion: Dr. Norbert Poßberg, Mediakonzept, Düsseldorf
Gestaltung: Monika Anzinger, MediaCompany, Bonn
Satz: Michael Adrian, MediaCompany, Bonn
Fotos Umschlag: Pilkington, Mediakonzept, Greenpeace, MediaCompany

Vorwort

Die Sonne strahlt tagtäglich Energie im Überfluß auf die Erdoberfläche. An einem sonnigen Tag sind es rund 1000 Watt pro Quadratmeter - mehr als genug. Aber wir verfeuern Kohle, Braunkohle, Erdöl und Erdgas und belasten das Erdklima mit dem bei der Verbrennung entstehenden Kohlendioxid. Das CO_2 trägt wesentlich zum Treibhauseffekt bei. Zur Stromerzeugung nutzen wir darüber hinaus die Kernenergie mit ihrem hohen Risikopotential. Warum eigentlich kommt die Solarenergie nicht zum Zuge?

Die Solarenergie ist das Fundament der sogenannten erneuerbaren Energien: ob Photovoltaik und Solarthermie, Windenergie oder Biomasse – alle ihre Formen haben den einen Ursprung, nämlich die Energie des auf die Erdoberfläche treffenden Sonnenlichtes.

Manfred Fischedieck und Peter Hennicke ziehen ein Resümee aus jahrelangen Diskussionen des Für und Wider. Obwohl der mögliche Beitrag der erneuerbaren Energien zur Minderung der Kohlendioxidemissionen weitgehend Anerkennung finde, seien – neben strukturellen Problemen, wie andauernde Überkapazitäten und fehlende Investitionsanreize in der Stromwirtschaft – vor allem die zum Teil noch vergleichsweise hohen Kosten das wesentliche Hemmnis für eine verstärkte Nutzung.

Richtig, sagt Werner Hlubek aus Sicht der Wirtschaft: Kosten die traditionellen Einsatzstoffe in Kraftwerken nur 4 bis 5 Pfennig je Kilowattstunde, müsse für die Umwandlung von Sonnenlicht in Strom noch bis zu 2 DM pro Kilowattstunde angesetzt werden. Er glaubt darum nicht, daß die erneuerbaren Energien – die *Wunschenergie der Deutschen* schlechthin – kurz und mittelfristig nennenswerte Beiträge zur Energieversorgung eines Industrielandes wie Deutschland liefern könnten. In den kommenden 25 Jahren könnten sie vielleicht 10 Prozent erreichen, so seine Schätzung.

Dabei konstatiert auch Hlubek das hohe technische Potential der erneuerbaren Energien in Deutschland. In das technische Potential gehen all die vielen Nutzungsmöglichkeiten der erneuerbaren Energien ein – unter der Annahme, daß alle verfügbaren „geeigneten" Flächen zur Energiebereitstellung herangezogen werden. Martin Kaltschmitt und Andreas Wiese haben die große Mühe auf sich genommen, dieses Potential im Detail zu analysieren. Und sie haben noch ein übriges getan, nämlich diese einzelnen technischen Potentiale auf eine realistische Nutzung hin abgeschätzt. Herausgekommen ist dabei ein Zahlenberg, den jede zukünftige Diskussion um die erneuerbaren Energien in Deutschland wird berücksichtigen müssen.

Vor diesem Hintergrund erscheint auch die Kontroverse zwischen Sven Teske, Greenpeace, und Joachim Grawe, Vereinigung Deutscher Elektrizitätswerke, in einem anderen Licht: Natürlich geht es letztlich um die Frage, wer was bezahlen soll, wenn wir den erneuerbaren Energien eine Chance geben wollen. Angesichts der Fakten ist eine verantwortungsvolle gesellschaftliche, politische Diskussion von nöten. Wenn wir endlich wissen, ob wir die erneuerbaren Energien *wollen*, stehen politische Entscheidungen an.

Düsseldorf, im August 1996
Dieter Beste und Marion Kälke

Inhalt

Auf dem Weg zu einem dauerhaften Energiesystem

Von Manfred Fischedick und Peter Hennicke

Der Weg zu einer dauerhaften Energiespar- und Sonnenenergiewirtschaft muß über eine vorsorgende Energie- und Klimapolitik erfolgen und erfordert erhebliche strukturelle Änderungen im Energiesystem. Grundsätzlich sehen wir vier Strategien zur zukünftigen Ausgestaltung des Energiesystems, die eine Reduzierung von Energieverbrauch und energiebedingten Kohlendioxidemissionen ermöglichen: Effizienzsteigerung, das heißt Verringerung des Energieeinsatzes pro Dienstleistung und Produkt; Substitution von – bezogen auf den Energieinhalt – kohlenstoffreichen durch kohlenstoffarme Energieträger; verstärkte Nutzung kohlendioxidfreier Energiebereitstellungstechniken, zum Beispiel erneuerbare Energien; Energieverbrauchsminderung durch neue ressourcensparende Produktions- und Lebensstile.

Die mit der Energieerzeugung und Energieanwendung verbundenen Umweltbelastungen und Risiken sind vielfältiger Natur. Neben dem Ausstoß an klassischen Luftschadstoffen wie Schwefeldioxid (SO_2) und Stickoxiden (NO_x), die in der Vergangenheit zum Waldsterben und zur Smogbildung beigetragen haben, treten beispielsweise durch den Bergbau auch massive Eingriffe in die Landoberfläche und in den Grundwasserhaushalt auf. Außer diesen vor allem auf regionaler Ebene bedeutsamen Umweltauswirkungen führt die Nutzung der Kernenergie zu sicherheitspolitischen und globalen Risiken. Hinzu kommt auch die mögliche Zuspitzung geopolitischer Konflikte über die „Verfügbarkeit" von Öl- und Erdgasreserven. Die wohl umfassendste globale Bedrohung der

Menschheit wird heute durch den Ausstoß von klimarelevanten Spurengasen, insbesondere Kohlendioxid (CO_2), und den hiermit verbundenen Auswirkungen auf das Weltklima verursacht. Kohlendioxid und andere Spurengase, wie zum Beispiel Methan (CH_4) und Lachgas (N_2O), wirken dabei in der Atmosphäre wie das Glasdach eines Treibhauses. Sie lassen die energiereiche kurzwellige Strahlung von der Sonne auf die Erde ungehindert passieren, halten aber einen Teil der von der Erdoberfläche in die Atmosphäre zurückgestrahlten energieärmeren langwelligen Strahlung zurück. Dieser als Treibhauseffekt bezeichnete Umstand führt zu einer Erwärmung der Erdatmosphäre. Seit Beginn der Industrialisierung hat sich die globale Mitteltemperatur bereits um rund 0,7 Grad Celsius erhöht.

Bei weiter wachsendem Weltenergieverbrauch muß mit einer bedrohlichen Zunahme all dieser Risiken und Konflikte gerechnet werden. Dies gilt vor allem für den Ausstoß klimarelevanter Spurengase, für die heute, im Gegensatz zu Schadstoffen wie Schwefeldioxid und Stickoxide, keine wirksamen Rückhaltemechanismen zur Verfügung stehen.

Die energiebedingten Treibhausgasemissionen, die auf die Verbrennung fossiler Energieträger zurückzuführen sind, tragen zu etwa 50 Prozent zum anthropogenen, das heißt vom Menschen verursachten Treibhauseffekt bei. Ein Leitziel zukünftiger Energiepolitik bestimmt sich daher maßgeblich aus den Erfordernissen des Klimaschutzes. Nach Empfehlungen der Enquete-Kommission „Schutz der Erdatmosphäre" des Deutschen Bundestages ist in Deutschland, das als eines der bedeutendsten Industrieländer heute mit rund 4 Prozent an den weltweiten Kohlendioxidemissionen beteiligt ist, eine Kohlendioxidreduktion bis zum Jahr 2005 von 30 Prozent, bis 2020 von 50 Prozent und bis 2050 von 80 Prozent in bezug auf das Jahr 1987 als Beitrag zum globalen Klimaschutz notwendig, wenn die Erwärmung der Erdatmosphäre für die verschiedenen Ökosysteme in tragbaren Grenzen gehalten und die Ernährungslage gesichert werden soll.

Klimaschutz allein ist aber nicht hinreichend für ein „nachhaltiges" (sustainable) Energiesystem, das sämtliche Risiken der Energienutzung auf ein akzeptables Maß begrenzt. Nötig ist vielmehr eine nachhaltige

Energiespar- und Solarenergiewirtschaft, die sowohl eine maximale Steigerung der Energieproduktivität, das heißt Verringerung des Energieeinsatzes für Produktherstellung und Bereitstellung von Dienstleistungen durch rationelle Energienutzung, als auch die Bereitstellung des (Rest-) Energieverbrauchs für wachsende Energiedienstleistungen möglichst weitgehend aus erneuerbaren Energiequellen verlangt. Darüber hinaus stellen sich in Zusammenhang mit dem Energiesystem auch Fragen nach weltweit verallgemeinerungsfähigen Produktions- und Lebensstilen und nach neuen „Wohlstandsmodellen".

Erneuerbare Energien müssen insbesondere mittel- und langfristig zum Erreichen einer nachhaltigen Energieversorgung beitragen. Wegen der langen Entwicklungs- und Markteinführungszeiten von teilweise mehreren Jahrzehnten hat eine energiepolitische Richtungsentscheidung für den Umstieg in eine Solar- und Energiesparwirtschaft aber bereits heute eine hohe Aktualität.

Technische Potentiale und derzeitiger Nutzungsstand

Das technische Potential der erneuerbaren Energien zur Wärme- und Stromerzeugung ist sehr hoch und – im Vergleich zu fossilen und nuklearen Energiequellen – relativ umweltfreundlich erschließbar und nutzbar. Bei der Anwendung der meisten erneuerbaren Energien werden keine Schadstoffemissionen frei. Klimarelevante Kohlendioxidemissionen entstehen ebenfalls nicht beziehungsweise werden über den ganzen Zyklus betrachtet an anderer Stelle wieder eingebunden. So entsteht zwar beispielsweise bei der Biomasseverbrennung Kohlendioxid, das jedoch beim Wachstum der biogenen Energieträger in gleichem Umfang zuvor der Atmosphäre entzogen wurde. Dennoch steht mitunter auch der Einsatz von erneuerbaren Energien in der Kritik. Zum Beispiel werden der noch vergleichsweise hohe kumulierte Energieaufwand bei der Herstellung von Solarzellen und die Beeinflussung des Landschaftsbildes sowie des Vogelfluges beim Betrieb von Windkraftwerken kritisch beurteilt. Letzteres scheint lösbar, indem in Zusammenarbeit von regionaler und kommunaler Planungsebene Vorrang- und Ausschlußgebiete für die Windenergienutzung ausgewiesen werden.

Kumulierter Primärenergieaufwand

in kWh (eingesetzter Primärenergie) / kWh (bereitgestellter Endenergie) verschiedener Techniken zur Nutzung erneuerbarer Energien

	Photovoltaik (Solarzellen)	Windenergie[1]	Biomasse (Reststoffe)	Solarthermie
heutige Konzepte	0,24 – 0,85	0,031 – 0,227	0,022 – 0,165	0,16 – 0,28
zukünftige Konzepte[2]	0,08 – 0,30	0,020 – 0,150	0,020 – 0,080	0,10 – 0,15

1: in Abhängigkeit der jahresmittleren Windgeschwindigkeit
2: optimierte Anlagentechnik und Serienproduktion

Quelle: Altner u.a., 1995; Stelzer u.a., 1994; eigene Berechnungen

Der kumulierte Energieaufwand für Solarzellen zur photovoltaischen Stromerzeugung liegt heute zwischen 0,24 und 0,85 Kilowattstunden eingesetzter Primärenergie pro Kilowattstunde bereitgestellter elektrischer Energie. Dies führt zu energetischen Amortisationszeiten in der Größenordnung von 5 bis 9 Jahren, das heißt in 5 bis 9 Jahren haben die Solarzellen die Energiemenge bereitgestellt, die für ihre Herstellung zuvor aufgewendet worden ist. Zukünftig werden daher vor allem neue und effizientere Herstellungsverfahren sowie der zunehmende Übergang auf neuartige Zellenarten wie Dünnschicht- oder Grätzelzellen zu einer deutlichen Verringerung der energetischen Amortisationszeiten beitragen müssen und wohl auch können. Für Solarzellen werden langfristig Amortisationszeiten von rund 1 Jahr erwartet. Entsprechende Laborergebnisse werden heute schon ausgewiesen. Derartige und zum Teil noch geringere Amortisationszeiten weisen heute bereits einige Techniken zur Nutzung erneuerbarer Energien auf.

Trotz der vielfältigen ökologischen Vorteile der erneuerbaren Energien ist deren Nutzungsgrad heute aus ökonomischen Gründen noch vergleichsweise gering. Der gegenwärtigen Nutzung der erneuerbaren Energien zur Strom- und Wärmeerzeugung stehen die verfügbaren technischen Potentiale gegenüber. Dieser Begriff wird in der öffentlichen

Diskussion häufig mißverstanden. Technische Potentiale beschreiben die Nutzungsmöglichkeiten erneuerbarer Energien, die in Deutschland gegeben sind, wenn alle verfügbaren „geeigneten" Flächen zur Energiebereitstellung herangezogen werden. Die technischen Potentiale stellen damit die obere Grenze der Nutzungsmöglichkeiten der erneuerbaren Energien dar und lassen andere Bewertungsfaktoren zunächst unberücksichtigt. Für die öffentliche Diskussion ist die Ermittlung der technischen Potentiale jedoch als erster Schritt notwendig, um die Größenordnung des möglichen Beitrages der erneuerbaren Energien zur Energieversorgung grundsätzlich abschätzen zu können.

Die technischen Potentiale der Stromerzeugung auf Basis erneuerbarer Energien liegen in Deutschland insgesamt um den Faktor 1,8 bis 2,1 oberhalb des inländischen Nettostromverbrauchs von 1992. Dabei

Technische Potentiale und derzeitiger Nutzungsstand der regenerativen Stromerzeugung

(auf der Basis heute verfügbarer Technik in Milliarden kWh)

	Nutzungsstand 1994 (Mrd. kWh/a)	technisches Potential (Mrd. kWh/a)
Photovoltaik	0,006	539
davon: Fassadenflächen		30
Dachflächen		98
Freiflächen		411
Windenergie	1,02	283 – 356
davon: onshore		128
offshore		155 – 237
Wasser	18,809	26,5
biogene Festbrennstoffe	0,13	26 – 58
davon: Holzabfälle / sonstige Reststoffe		11 – 21
Energiepflanzen		15 – 37
biogene gasförmige Brennstoffe	0,53	14 – 15
davon: Klärgas		1,5 – 2
Deponiegas		5
Biogas		7
Müll	5,01	7
zum Vergleich: Nettostromverbrauch Inland 1992: 467,2 Mrd. kWh		

Quelle: Altner u.a., 1995; Kaltschmitt, Fischedick, 1995; Albrecht, Rade, 1994; Kaltschmitt, Wiese, 1993

Das technische Potential der Stromerzeugung auf der Basis erneuerbarer Energien übertrifft den derzeitigen Stromverbrauch bei weitem

sind sowohl die Nutzung von Solarzellen auf Dach-, Fassaden- und Freiflächen als auch die windtechnische Stromerzeugung auf der Landfläche (onshore) und vor der Küste (offshore) durch besonders hohe Potentiale gekennzeichnet. Auch unter Vernachlässigung der hohen Potentiale der – aus Gründen alternativer Verwendungsmöglichkeiten für die Flächen ökologisch bedenklichen – Solarzellennutzung auf Freiflächen übertrifft das verbleibende technische Potential noch den derzeitigen Stromverbrauch. Auch die technischen Potentiale der regenerativen Wärmeerzeugung sind sehr hoch, sie liegen bei rund 68 bis 86 Prozent der für die Wärmebereitstellung im Jahr 1992 aufgewendeten Endenergie.

Die tatsächlich realisierbaren Endenergiepotentiale sind zum Beispiel aufgrund von Transport- und Speicherverlusten, der erforderlichen Anpassung an den Nachfrageverlauf sowie der zum Teil auftretenden konkurrierenden Flächennutzungen – Belegung der Dachflächen mit Solarzellen oder mit Solarkollektoren – geringer. Andererseits können zu-

Technische Potentiale und derzeitiger Nutzungsstand der regenerativen Wärmeerzeugung

(auf der Basis heute verfügbarer Technik in Milliarden kWh)

	Nutzungsstand 1994 (Mrd. kWh/a)	technisches Potential (Mrd. kWh/a)
Solarthermie	0,28	547
davon: Warmwasser		81
Heizung		466
Geothermie	0,31	125
biogene Festbrennstoffe	10,30	168 – 329
davon: Holzabfälle / sonstige Reststoffe		42 – 96
Energiepflanzen		125 – 233
biogene gasförmige Brennstoffe	0,94	24 – 60
davon: Klärgas		3 – 7,5
Deponiegas		12,5
Biogas		8 – 40
Müll	5,50	10
zum Vergleich: Endenergieverbrauch Wärmeerzeugung 1992: 1 272,3 Mrd. kWh		

Quelle: Altner u.a., 1995; Kaltschmitt, Fischedick, 1995; Albrecht, Rade, 1994; Kaltschmitt, Wiese, 1993

künftige technische Anlagen- und Komponentenverbesserungen zu einer Erhöhung des Potentials führen.

Gegenüber den potentiellen Möglichkeiten ist der derzeitige Nutzungsstand vergleichsweise gering. Heute tragen die erneuerbaren Energien – inklusive Müll und Industrieabfälle – insgesamt nur zu etwa 2 Prozent zur Deckung des Primärenergiebedarfs bei. Müll und Industrieabfälle werden bei der Betrachtung der erneuerbaren Energien üblicherweise mitgezählt, obwohl sie im ökologischen Sinne keine regenerierbaren Energiequellen darstellen. Der Bereitstellungsanteil beträgt – bezogen auf den Stromverbrauch – derzeit etwa 5,4 Prozent. Dabei sind insbesondere die Wasserkraftnutzung, die Müllverwertung und zunehmend auch die Windenergie von Bedeutung. Die übrigen erneuerbaren Energien spielen heute noch eine untergeordnete Rolle.

Kosten der erneuerbaren Strom- und Wärmebereitstellung

Obwohl der mögliche Beitrag der erneuerbaren Energien zur Minderung der Kohlendioxidemissionen weitgehend anerkannt ist, sind neben strukturellen Problemen, wie andauernde Überkapazitäten und fehlende Investitionsanreize in der Stromwirtschaft, vor allem die zum Teil noch vergleichsweise hohen Kosten das wesentliche Hemmnis für eine verstärkte Nutzung. Heute ist im Bereich der regenerativen Stromerzeugung vor allem die Wasserkraftnutzung wirtschaftlich. Dies gilt insbesondere für die Reaktivierung und Modernisierung von bestehenden Altanlagen. Auch die windtechnische Stromerzeugung ist derzeit an windgünstigen Standorten konkurrenzfähig. Bei jahresmittleren Windgeschwindigkeiten oberhalb von 5 Me-

Kosten der Stromerzeugung auf der Basis erneuerbarer Energien

	Stromgestehungskosten (Pf/kWh)
Photovoltaik	
Freiflächenkraftwerke	90 - 150
Dachflächenanlagen	120 - 200
Windenergie	
4 - 5 m/s	15 - 27
5 - 6 m/s	10 - 18
> 6 m/s	7 - 13
Wasserkraft	
Neuanlagen	15 - 80
Reaktivierung	2 - 14
biogene gasfömige Brennstoffe	
Klärgas / Deponiegas	7 - 26
Biogas	14 - 24
zum Vergleich: konventionelles Kohlekraftwerk (auf Importkohlebasis): 9,3 bis 12,3 Pf/kWh	

Quelle: Altner u.a., 1995; Kaltschmitt, Fischedick, 1995; Lehmann, Reetz, 1995; Albrecht, Rade, 1994; Kaltschmitt, Wiese, 1993

Kosten der Wärmebereitstellung auf der Basis erneuerbarer Energien

	Wärmegestehungs-kosten (Pf/kWh)
Solarthermie	
Warmwasser	5 - 20
Raumwärme	12 - 37
Geothermie	4 - 13
biogene feste Brennstoffe	
Restholz	7 - 27
Stroh	8 - 30
biogene gasfömige Brennstoffe	
Klärgas / Deponiegas	0 - 6
Biogas	3 - 16
zum Vergleich: konventionelle Ölheizung: 6 bis 8 Pf/kWh	

Quelle: Altner u.a., 1995; Kaltschmitt, Fischedick, 1995; Lehmann, Reetz, 1995; Albrecht, Rade, 1994; Kaltschmitt, Wiese, 1993

tern pro Sekunde liegen die durchschnittlichen Stromgestehungskosten häufig unterhalb der gesetzlich vorgeschriebenen Einspeisevergütung, die zur Zeit rund 17,2 Pfennig pro Kilowattstunde beträgt. Demgegenüber ist die photovoltaische Stromerzeugung heute noch um den Faktor 5 bis 10 teurer als eine konventionelle Stromerzeugung. Eine Stromerzeugung aus Biogas liegt hingegen insbesondere in Kraft-Wärme-Kopplungsanlagen, das heißt in Kraftwerken in denen die bei der Stromerzeugung prozeßbedingt anfallende Abwärme zur Nah- oder Fernwärmeversorgung herangezogen wird und nicht ungenutzt in die Atmosphäre abgeleitet wird, zumindest an der Schwelle der Wirtschaftlichkeit. Auch die Wärmebereitstellung aus biogenen Brennstoffen ist vielfach schon konkurrenzfähig. Die wirtschaftliche Nutzung solarthermischer Systeme beschränkt sich demgegenüber derzeit noch auf Nischenbereiche wie beispielsweise die solare Schwimmbadbeheizung. Allerdings ist bei dieser Kostenbewertung der beträchtliche externe Nutzen vermiedener Umweltschäden noch nicht berücksichtigt. Beispielsweise wird der Nettonutzen von Windenergie mit 4,6 bis 12,2 Pfennig und von Photovoltaik mit 5,8 bis 17 Pfennig pro Kilowattstunde geschätzt.

Trotz der bereits in der Vergangenheit erreichten Kostensenkungen wird es in Zukunft zu der aus Klimaschutzgründen notwendigen deutlichen Ausweitung der Nutzung von erneuerbaren Energien nur kommen, wenn weitere Kostenminderungen erreicht werden können. Hierzu bedarf es einer konsequenten Ausgestaltung der staatlichen Rahmenbedingungen und der Durchführung von Förder- und Markteinführungsprogrammen. Ein überzeugendes Beispiel für die Wirksamkeit derartiger Maßnahmen ist die Entwicklung der Windenergie in Deutschland. Die Durchfüh-

Markteinführungsprogramm erneuerbare Energien

	Fördervolumen (Mrd. DM)	max. Investitionszuschuß	Förderdauer
Wasserkraft (<100 kW)	0,14	30 %	1995 – 2004
Windenergie (nur Binnenlandstandorte)	0,72	40 %	1995 – 2004
Solarkollektoren	5,27	40 %	1995 – 2010
Biomasse / Biogas	2,20	30 % / 40 %	1995 – 2010
Geothermie	0,47	30 %	1995 – 2005
zusätzlich Photovoltaikförderung von 4,6 Mrd. DM von 1995 bis 2010			

Quelle: Altner u.a., 1995

rung des 250-Megawatt-Windprogrammes und die Einführung des Stromeinspeisegesetzes haben Anfang der 90er Jahre zu einer großen Wachstumsdynamik bei Windenergiekonvertern geführt. Seit 1990 hat sich die installierte Kapazität praktisch jedes Jahr verdoppelt: von rund 60 Megawatt 1990 auf 1100 Megawatt Ende 1995. Positive Randbedingungen herrschen auch in Dänemark vor, wo eine konsequente Energiepolitik von 1972 bis 1992 zu einer Erhöhung des Anteils von erneuerbaren Energien an der Deckung des Primärenergiebedarfs von 1,7 auf 7,1 Prozent führte; bis zum Jahr 2000 soll die 10-Prozent-Marke überschritten werden.

In Deutschland fehlt heute ein zukunftsfähiges, langfristiges und flächendeckendes Förder- und Markteinführungskonzept für alle Formen von erneuerbaren Energien. Dies gilt sowohl für die bereits marktnahen Technologien wie Kleinwasserkraftwerke oder Windenergienutzung im Binnenland als auch für die noch marktfernen Technologien wie die Photovoltaik. Die „Gruppe Energie 2010" hat ein derartiges, umfassendes Markteinführungsprogramm vorgeschlagen. Allein mit dem dort aufgeführten staatlichen Investitionszuschuß von insgesamt 13,4 Milliarden DM könnte in einem Zeitraum von 15 Jahren der Primärenergieanteil der erneuerbaren Energien von heute knapp 2 auf 5,8 Prozent erhöht werden.

Der Erfolg derartiger Förderprogramme und Markteinführungsstrategien wird wesentlich von der langfristigen Kalkulierbarkeit und Verläßlichkeit bestimmt. Wie notwendig eine konzertierte Aktion zur Förderung der erneuerbaren Energien in Deutschland heute ist, zeigt allein die Tatsache, daß die letzten beiden großen Solarzellenhersteller 1995 aufgrund schlechter Rahmenbedingungen und einer nur ungenügenden Marktnachfrage ihre Produktion in die USA verlegt haben. Deutschland droht daher, bei einer weiteren „Zukunftstechnologie" weltweit den Anschluß zu verlieren. Heute sind vor allem die USA und Japan bei der Herstellung und Errichtung von Solarzellen sowie der Erforschung innovativer Konzepte führend und an Deutschland vorbeigezogen. Damit werden die großen Entwicklungschancen und das hohe Arbeitsmarktpotential aufs Spiel gesetzt.

Neben dem Staat sind aber auch die Energieversorgungsunternehmen und die einzelnen Verbraucher gefordert. Insbesondere ein auf lange Sicht angelegtes Konzept einer Einspeisevergütung für erneuerbare Energien bis hin zu einer „kostendeckenden Vergütung" kann als flankierendes Förderprogramm von Elektrizitätsversorgungsunternehmen einen verursachergerechten Beitrag zur Weiterentwicklung und Markteinführung der erneuerbaren Energien leisten und die öffentlichen Kassen entlasten. Dabei bezahlt der Kunde mit jeder Kilowattstunde einen Beitrag für die Einspeisevergütung. Das heißt Kunden mit einem hohen Stromverbrauch werden entsprechend mehr belastet als Kunden mit einer geringeren Nachfrage nach elektrischer Energie. Hierdurch kann eine breite Anwendung von erneuerbaren Energiequellen und die Erschließung von Kostensenkungspotentialen, zum Beispiel durch Massenfertigung, erreicht werden. Kurzfristige „Strohfeuer"-Programme führen dagegen zu keiner zielorientierten und sich selbsttragenden technologischen Weiterentwicklung.

Erneuerbare Energien und Energieeinsparung gehören zusammen

Die Enquete-Kommission „Schutz der Erdatmosphäre" hat für den Zeitraum von 1990 bis 2020 für das Energiesystem Szenarioberechnungen in Auftrag gegeben. Szenarien sind dabei nicht mit Prognosen zu verwechseln. In Szenarien werden auf der Basis verschiedener Annahmen die Entwicklungsperspektiven und Entwicklungsmöglichkeiten eines Systems

Die „kostendeckende Vergütung" durch den Verbraucher ist ein Beitrag zur Markteinführung

aufgezeigt und diskutiert. Eine grundlegende Aussage der Szenarien der Enquete-Kommission ist dabei die herausragende Bedeutung des Energieeinsparens für die zukünftige Entwicklung.

Bereits in der von der Enquete-Kommission skizzierten Referenzentwicklung, der im wesentlichen ein trendgemäßes Verhalten von Energieverbrauchern und Energieerzeugern zugrunde liegt, geht der Primärenergieverbrauch bis zum Jahr 2005 um rund 6,5 Prozent und bis 2020 um etwa 7,6 Prozent gegenüber 1990 zurück. Der Anteil der erneuerbaren Energien an der Deckung des Primärenergiebedarfs beträgt 2005 etwa 3,3 Prozent und 2020 rund 4,5 Prozent. Gegenüber dem heutigen Deckungsanteil von rund 2 Prozent bedeutet dies jedoch nur eine geringfügige Steigerung. Ein im Vergleich zu den heutigen Bedingungen höherer Beitrag wird dabei vor allem von der Windenergie und der Müllverwertung erwartet. Das Referenzszenario der Enquete-Kommission verfehlt aber die Kohlendioxidreduktionsziele deutlich. Bis zum Jahr 2020 ist hiernach nur mit einer Minderung des Kohlendioxidausstoßes von 16 Prozent – bis 2005 von 14 Prozent – gegenüber dem Bezugsjahr 1987 zu rechnen.

Eine trendgemäße Energiepolitik, das heißt eine „Weiter-so-Strategie", kann der globalen Verantwortung für den Klimaschutz nicht gerecht werden. Die Enquete-Kommission hat daher in zwei weiteren Szenarien – konstante Kernenergie-Kapazität sowie Ausstieg aus der Kernenergie – versucht zu zeigen, daß auch anspruchsvolle Klimaschutzziele wie etwa eine Kohlendioxidreduktion bis zum Jahr 2020 um 45 Prozent mit einer großen Bandbreite von technischen Optionen und vertretbaren Kosten erreichbar sind. Vor dem Hintergrund einer nachhaltigen Entwicklung des Energiesystems mit der Forderung nach Ressourcenschutz, Klimaverträglichkeit und Risikominimierung ist dabei vor allem das zweite Szenario, das den Klimaschutz mit einem Ausstieg aus der Kernenergie verbindet, von Bedeutung. Die vielfach verbreitete Meinung, daß nur durch eine verstärkte Nutzung der Kernenergie ein effektiver Klimaschutz zu betreiben ist, wird durch dieses Szenario widerlegt. Denn obwohl wesentliche Annahmen in diesem Szenario kritisch betrachtet werden müssen, zum Beispiel die relativ hohen Kosten der Energieeinsparung oder der geringe Reduktionsbeitrag des Sektors Verkehr, zeigt das Szenario dennoch, daß Klimaschutz und Kernenergieausstieg in der Bundesrepublik praktisch umsetzbar und zugleich finanzierbar sind.

Dieses Ergebnis wird auch durch andere Szenariountersuchungen zum Beispiel des Wuppertal Instituts für Klima, Umwelt, Energie bestätigt. Neuere Erkenntnisse durch theoretische Überlegungen und empirische Beispiele zeigen, daß Klimaschutz vor allem mit einem gleichzeitigen Ausstieg aus der Kernenergie wirksam vollzogen werden kann. Hierzu sind Strategien notwendig, die auf der Durchführung umfangreicher energie- und klimapolitischer Maßnahmen beruhen, zum Beispiel die Einführung einer ökologischen Steuerreform, und konkrete Maßnahmen zur verstärkten Nutzung erneuerbarer Energien, etwa Markteinführungsprogramme, enthalten. Wesentlich ist dabei die Umkehr der Anreizstruktur, die es für Energieversorgungsunternehmen und Verbraucher langfristig rentabler macht, in Energieeinsparung und Technologien zur Nutzung erneuerbarer Energien statt in konventionelle Energieerzeugung zu investieren. So können die Kohlendioxidminderungsziele erreicht werden – bei gleichzeitigem Verzicht auf Atomenergie mit einem volkswirtschaftlichen Nettonutzen beziehungsweise nur geringen Mehrkosten gegenüber einer Trendentwicklung möglich. Neben dem Ausbau der erneuerbaren Energieerzeugung bildet vor allem die Effizienzsteigerung einen Eckpfeiler derartiger Entwicklungspfade.

Das Wuppertal Institut hat die Ergebnisse der Enquete-Kommission aufgegriffen und ein eigenes modifiziertes Szenario vorgelegt. Das Szenario „offensive Energiepolitik" baut im wesentlichen auf dem Szenario „Ausstieg aus der Kernenergie" der Enquete-Kommission auf, modifiziert dies aber insbesondere in den Bereichen Verkehr und Industrie. Der Primärenergieverbrauch liegt, diesem Entwicklungspfad folgend, im Jahr 2020 etwa 41,7 Prozent unterhalb des Niveaus des Jahres 1990. Es wird eine Minderung der Kohlendioxidemissionen um 50 Prozent gegenüber 1990 beziehungsweise 53,5 Prozent gegenüber 1987 erreicht. In Anlehnung an die Ergebnisse der Enquete-Kommission führt ein derartiger Entwicklungspfad zu Mehrkosten von rund 50 Milliarden DM. Pro Kopf bedeutet dies eine jährliche Mehrbelastung von etwa 20 DM.

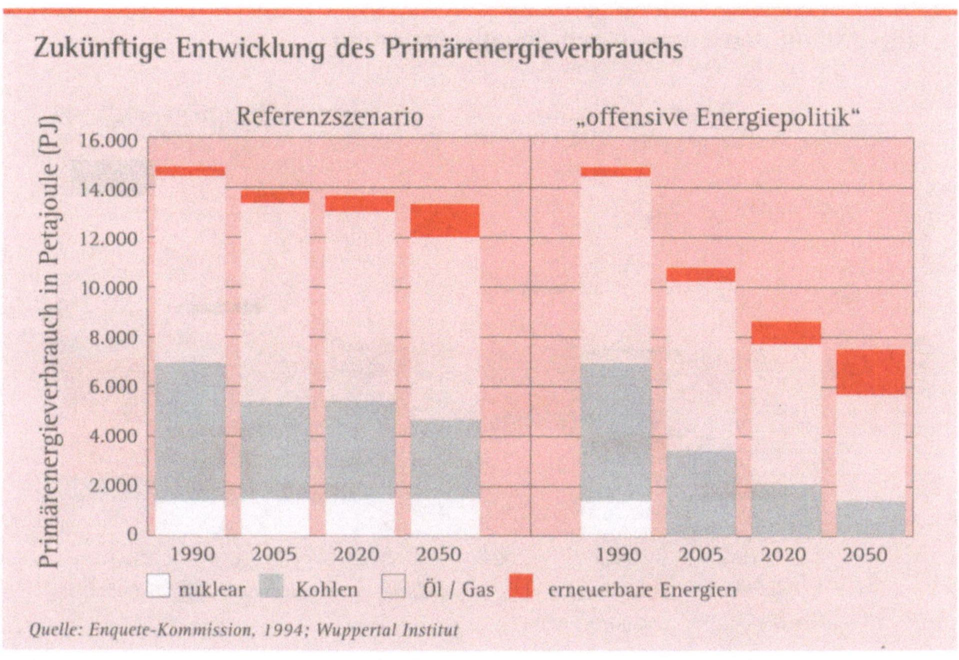

Quelle: Enquete-Kommission, 1994; Wuppertal Institut

Die Ergebnisse der Szenariobetrachtungen bestätigen noch einmal nachdrücklich, daß nur durch eine Allianz von erneuerbaren Energien und Energieeinsparen den Erfordernissen des Klimaschutzes Rechnung getragen und gleichzeitig auf die Kernenergie verzichtet werden kann. Kurz- und mittelfristig kommt dabei dem Energiesparen die tragende Rolle zu. Bis zum Jahr 2020 erhöht sich auch der Deckungsanteil der erneuerbaren Energien bereits auf rund 10 Prozent. Langfristig muß der Anteil der erneuerbaren Energien im Energiemix dann jedoch noch wesentlich zunehmen. Eine 80prozentige Reduzierung der Kohlendioxidemissionen bis zum Jahr 2050, wie sie aus Gründen des Klimaschutzes notwendig ist, wird nur dann erreicht werden können, wenn die erneuerbaren Energien in etwa zur Hälfte zur Deckung des Primärenergiebedarfs beitragen werden.

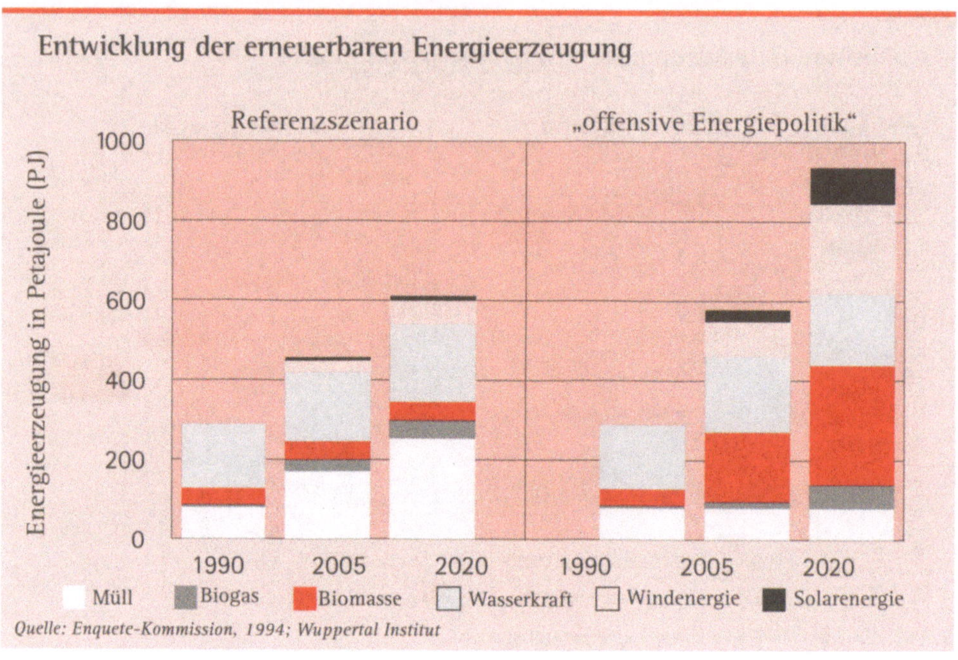

Die verstärkte Nutzung der erneuerbaren Energien beruht dabei im wesentlichen auf einem Mix aus allen verfügbaren Optionen. Bis zum Jahr 2020 werden vor allem die heute bereits wirtschaftlichen beziehungsweise in der Nähe der Wirtschaftlichkeit befindlichen Möglichkeiten genutzt werden. Dies sind vor allem Wasserkraft, Windenergie, solare Nahwärmesysteme und Biomassenutzung. Langfristig wird dann die Stromerzeugung aus Solarstrahlung einen wesentlichen Beitrag leisten müssen. Dies gilt sowohl für die heimische Nutzung der Photovoltaik als auch für den Solarstromimport beispielsweise aus solarthermischen Kraftwerken Nordafrikas. In Deutschland kommt – insbesondere aufgrund der vergleichsweise geringen flächenspezifischen Energieintensität – der dezentralen Nutzung der erneuerbaren Energiequellen, zum Beispiel durch Photovoltaikdachanlagen, kleine Nahwärmesysteme und Windparks, eine besondere Bedeutung zu. Hierzu sind strukturelle Veränderungen des heute vorwiegend zentralistisch geprägten Stromversorgungssystems unvermeidlich.

Fazit

Die Vermeidung katastrophaler globaler Klimaveränderung und der Umstieg in ein risikoarmes und dauerhaftes Energiesystem erfordert eine Strategie der forcierten Effizienzsteigerung und die konsequente Markteinführung erneuerbarer Energien. Die Realisierbarkeit eines derartigen Prozesses wurde für Deutschland in verschiedenen Szenarioanalysen beschrieben. Gleichermaßen gilt dies auch für die globale Ebene. Wie der Weltenergierat (WEC) in einer neuen Szenarienanalyse gezeigt hat, ist eine weltweite Langfriststrategie des Klimaschutzes verbunden mit einem Ausstieg aus der Atomenergie möglich. Die Umsetzung dieser Strategie wird vom Weltenergierat als ebenso realisierbar eingeschätzt wie andere Szenarien, die mit wachsenden Risiken eines steigenden Energieverbrauchs verbunden sind. Ökonomisch weist das risikominimierende WEC-Szenario sogar eher Vorteile auf.

Grundsätzlich gilt in technischer sowie in ökonomischer Hinsicht: Die forcierte Erhöhung der Umwandlungswirkungsgrade auf der Nachfrage- und Angebotsseite sowie die Verringerung des Nutzenergiebedarfs bei der Bereitstellung von Energiedienstleistungen, zum Beispiel durch Wärmedämmung, schafft für die erneuerbaren Energien den erforderlichen Handlungsspielraum und reduziert damit auch die Kosten für den Einsatz heute noch teurer Technologien. Umgekehrt führt auch der verstärkte Ausbau der erneuerbaren Energien zu einer Effizienzsteigerung beziehungsweise zu einer Energieeinsparung beim Anwender. Dies haben empirische Untersuchungen zum Beispiel für die Installation von Photovoltaikanlagen in Deutschland nachgewiesen.

Die technischen Potentiale für den erforderlichen Ausbau der erneuerbaren Energien sind hoch genug. Ihre Ausschöpfung scheitert heute aber noch an einer Vielzahl von strukturellen, ökonomischen und institutionellen Hemmnissen. Während des Umbaus zu einer mehr dezentralisierten Solarenergie- und Einsparwirtschaft wird zum Beispiel der Neubau von Windkraftanlagen vor Ort häufig als „additiv" und somit als zusätzliche Naturbelastung empfunden. Politik und Energieversorgungsunternehmen müssen daher durch Richtungsentscheidungen und Kompensationsmaßnahmen deutlich machen, daß im Saldo und auf längere Sicht der Ausbau neuer Anlagen zur Nutzung erneuerbarer Energien mit einem Rückbau tradtitioneller und risikointensiverer Erzeugungs-, Transport- und Verteilungsanlagen einhergeht.

Mittelfristig kann die Vielzahl der Hemmnisse nur über eine konsequente Energie- und Klimaschutzpolitik überwunden werden, indem sektor- und zielgruppenspezifische Markteinführungs-, Anreiz-, Informations-, Beratungs- und Weiterbildungsprogramme für erneuerbare Energien und Energieeinsparung, die in einem effektiven Klimaschutzpfad untrennbar zusammengehören, aufgelegt werden. Den erneuerbaren Energien kann damit sowohl technologisch als auch ökonomisch zum Durchbruch und Deutschland zu einer Spitzenposition in diesem Technologiebereich verholfen werden. Dabei steht Deutschland, neben den anderen Industrieländern, auch in der Verantwortung gegenüber den Ländern des Südens, die aufgrund der Klimaproblematik ihren zukünftigen Energieverbrauch zu wesentlichen Teilen auf der Basis erneuerbarer Energien decken müssen. Dies werden sie nur dann tun können, wenn die Einsatzreife, Modernität und Finanzierbarkeit dieser Techniken in den Industrieländern demonstriert wurde.

Für Deutschland ergibt sich hierdurch die Chance, international eine gute Ausgangsbasis für die Erschließung dieser Zukunftsmärkte zu sichern und zusätzliche qualifizierte und innovative Arbeitsplätze zu schaffen. Diese Chancen werden jedoch derzeit von der Energiepolitik und der Energiewirtschaft nicht ausreichend wahrgenommen. Wenngleich einige hoffnungsvolle Ansätze bereits bestehen, kann von einer Richtungsentscheidung für eine Energiespar- und Solarenergiewirtschaft noch keine Rede sein. Die Klimaschutzziele sind mit einer derartigen Energiepolitik nicht erreichbar.

Perspektiven der Photovoltaik und ihre Anwendungsgebiete

Von Joachim Benemann und Renate Piesker-Spahn

Die konventionelle Erzeugung elektrischer Energie aus fossilen Brennstoffen wie Kohle, Erdöl oder Gas ist nicht nur mit erheblichen umweltbelastenden Emissionen, mit Lärm und Abfällen verbunden, sondern es wird auch die Beschaffung der Rohstoffe ständig aufwendiger, ebenso wie die Bekämpfung ihrer schädlichen Umwelteinflüsse. Sonnenenergie steht dagegen nahezu kostenlos und unbegrenzt zur Verfügung. Sie ist umweltfreundlich, sauber und geräuschlos.

Umweltfreundliche Energie ist heute (über)lebenswichtig. Energie einzusparen und erneuerbare Energien zu nutzen, ist eine uns alle angehende Aufgabe. Eine Möglichkeit zur umweltschonenden Energieversorgung bietet dabei die Photovoltaik. Dank des photovoltaischen Effekts können wir Licht direkt in Strom umwandeln. Mit dem heutigen Stand der Technik ist damit auch in unseren Breitengraden Solartechnologie sinnvoll und erfolgreich einsetzbar.

Die Sonne ist eine bedeutende Quelle erneuerbarer Energie. Obwohl nur ein winziger Teil der insgesamt abgestrahlten Solarenergie die Erdoberfläche erreicht, würde bereits die von der Sonne innerhalb einer Stunde ausgehende Energie auf die Erde ausreichen, den weltweiten Verbrauch eines Jahres an Energie zu decken. Dabei ist natürlich zu beachten, daß nur ein kleiner Teil dieser Energie technisch nutzbar ist.

Photovoltaik

Unter Photovoltaik versteht man die direkte Umwandlung der einfallenden Solarstrahlung in elektrische Energie mit Hilfe von Solarzellen. Obwohl bereits Mitte des 19. Jahrhunderts entdeckt, hat erst die Raumfahrt, beispielsweise für die Stromversorgung von Satelliten, die Entwicklung seit Mitte der 50er Jahre dieses Jahrhunderts vorangebracht.

Die Sonnenstrahlung erreicht die Erdoberfläche an einem sonnigen Tag mit etwa 1000 Watt pro Quadratmeter. Diese Energie setzt an Solarzellen elektrische Ladung frei und erzeugt elektrische Leistung: bei einer Standardsolarzelle mit einer Größe von 10 mal 10 Zentimetern etwa 1,5 Watt. Doch auch diffuses Licht an einem bewölkten Tag kann noch zur Energiegewinnung genutzt werden.

Solarzelle

Die direkte Umwandlung von Tages- beziehungsweise Sonnenlicht in Elektrizität erfolgt durch photovoltaische Solarzellen. Die heute gebräuchlichsten Solarzellen bestehen aus Silizium, dem nach Sauerstoff zweithäufigsten Element der Erde. Je nach Herstellverfahren unterscheidet man monokristalline, polykristalline und amorphe Typen, die entsprechend der Anwendung eingesetzt werden. Mono- und polykristalline Solarzellen sind dünne Scheiben aus Silizium, die aus Kristallblöcken geschnitten werden. Sie haben eine Kantenlänge von etwa 10 Zentimetern und sind rund 0,3 Millimeter dick. Amorphe Solarzellen aus Silizium werden in Dünnschichttechnik auf ein Trägermaterial aufgetragen. Sie können kostengünstiger hergestellt wer-

den. Allerdings ist der Wirkungsgrad deutlich geringer als bei kristallinen Solarzellen.

Die Herausforderung für die
Ingenieure ist es aber, Solarzellen in
große Flächen zu integrieren, um
die Solarenergie für die Elektrizitätsversorgung in den dicht besiedelten Gebieten unserer Städte
nutzbar zu machen; dafür kommen
vorrangig Gebäude in Frage. Mit
der innovativen und heute von Pla-

nern und Architekten überwiegend ernstgenommenen Solartechnik lassen
sich Neubauvorhaben oder Renovierungen vorhandener Gebäude mit der
Integration von photovoltaischen Fassadenelementen problemlos in die
individuelle Planung einbeziehen. Die Möglichkeit, auch großflächige
photovoltaische Elemente einzusetzen und sie dem Umfeld der verwendeten Glas- oder Fassadenflächen anzupassen, verleiht insbesondere großen
Gebäuden einen hohen Reiz. Aber auch unansehnliche Fabrikgebäude
können durch eine photovoltaische Fassade attraktiver gestaltet und zur
Energiegewinnung genutzt werden. Heute werden in Deutschland photovoltaische Fassadenmodule mit nahezu beliebigen Abmessungen bis zu
einer Größe von 2,10 Meter mal 3,20 Meter gefertigt.

Solarmodule

Die maximale Leistung, die kristalline Solarzellen abgeben können, liegt
bei etwa 1 bis 2 Watt. Dieser Wert ist zum Betrieb der meisten elektrischen Geräte zu niedrig. Daher wird eine größere Anzahl von Solarzellen
in Reihe miteinander verschaltet und zum Schutz gegen äußere Einflüsse
gemeinsam in größere Photovoltaikmodule eingebettet. Die Solarzellen
befinden sich dann in glasklarem Kunstharz versiegelt und elektrisch
vollkommen sicher zwischen zwei Glasscheiben.

Foto (2): Pilkington

Netzgekoppelte Photovoltaikanlagen

Für den Betrieb einer Solaranlage werden je nach Bedarf mehrere Solarmodule miteinander verschaltet. Ob eine Solaranlage auf dem Dach installiert ist oder direkt in die Fassade integriert wird, die solare Stromerzeugung läuft bei guter Solareinstrahlung auf vollen Touren, so daß an manchen Tagen der erzeugte Strom nicht verbraucht, sondern in das öffentliche Stromnetz eingespeist wird. Dazu muß der in den Solarzellen erzeugte Gleichstrom zunächst in den handelsüblichen 230-Volt-Wechselstrom umgewandelt werden. Dies geschieht im netzgekoppelten Wechselrichter. Mit diesem solar erzeugten Strom lassen sich dann Elektrogeräte im Haushalt betreiben oder, mit größeren Anlagen, Anteile der Stromversorgung eines Gebäudes sichern. Steht nicht genügend Solarstrom zur Verfügung, wird die benötigte Differenz aus dem öffentlichen Stromnetz entnommen.

Solarstrom – der Umwelt zuliebe

Mit sauberer, emissionsfreier solarer Stromerzeugung leisten bereits viele Privathaushalte und Unternehmen in der Bundesrepublik Deutschland einen wertvollen Beitrag zum Umweltschutz. Um den jährlichen Stromverbrauch einer vierköpfigen Familie – rund 3000 bis 4000 Kilowattstunden – mit einer Photovoltaikanlage zu decken, wird eine Anlage mit etwa 35 Quadratmetern Modulfläche benötigt. Für mehrgeschossige Büro- oder Wohnbauten, öffentliche Gebäude, Fabrikhallen oder andere gewerbliche Gebäude bieten sich heute ganz neue technische und architektonische Möglichkeiten, um die

Photovoltaik direkt in die Gebäudehülle zu integrieren und sie zum Bestandteil der Gebäudefassade zu machen.

Solarstrom aus Fenstern und Fassaden

Der modernen Architektur bieten sich mit zunehmender technischer Weiterentwicklung der Photovoltaik viele Möglichkeiten zur vollständigen Integration photovoltaischer Elemente in die Bauhülle von Gebäuden. Diese Vorteile werden vor allem dort sichtbar, wo die der Sonne ausgesetzten Dächer, Fenster und Fassaden zusätzliches Flächenpotential für umweltfreundliche solare Stromerzeugung bieten. Die Einsatzmöglichkeiten sind vielfältig und erlauben die Kombination von verschiedenen Funktionen, wie zum Beispiel Wärmedämmung, Schallschutz oder Sonnenschutz, in einem Element – und natürlich eine völlig emissionsfreie, umweltfreundliche solare Stromerzeugung. Diese kostenlos einfallende Energie kann für den Energiehaushalt des Gebäudes, beispielsweise für Beleuchtung oder Computeranlagen, genutzt werden. In Verbindung mit einer speziellen Regeltechnik durch Wechselrichter kann der solar erzeugte Strom für den Hausgebrauch – oder falls überschüssig – ins öffentliche Netz eingespeist werden.

Solarfassadenmodule mit integrierten photovoltaischen Solarzellen werden zum integralen Bestandteil für alle Gebäude. Sie eignen sich nicht nur für Neubauten, sondern ebenfalls für Gebäudesanierungen, wo zum Beispiel im Rahmen eines Energiesparkonzeptes neue Fenster oder Fassaden vorgesehen sind. Mit der Entwicklung von photovoltaischen Fenster- und Fassadenmodulen ist es gelungen, Solarzellen in marktgängige Elemente des Bauwesens zu integrieren und somit dem Markt der Zukunft, dem Energiemarkt, mit ökologisch sinnvollen und umweltschonenden Baumaterialien neue Impulse zu geben. Allein an Dachflächen stehen in Deutschland rund 2800 Quadratkilometer zur Verfügung – rund ein

Fassadenelemente mit unterschiedlicher Solarzellenbelegung zur Optimierung des Lichteinfalls
Foto: Pilkington

Vorhangfassade mit amorphen Solarzellen in Dünnschichttechnik

Foto: Pilkington

Viertel wäre sofort technisch nutzbar. Tausende Südfassaden werden jährlich gebaut, ohne die Sonnenenergie zur umweltfreundlichen Stromerzeugung heranzuziehen.

Solarfassaden nach Maß

Bei Neuplanungen, besonders für hochgeschossige Verwaltungsbauten mit großen Fassaden, ergeben sich mit multifunktionalen Eigenschaften der Solarmodule völlig neue Einsatzmöglichkeiten für die technische und architektonische Fassadengestaltung. Diese sind nicht nur technisch interessant, sondern weisen in idealer Weise auf die wachsende Bedeutung rationeller Energieversorgung hin und leisten damit einen effektiven Beitrag zum bewußten Umgang mit der Umwelt; auch ein sich für die Imagepflege vieler Bauherrn auszahlender Effekt, der den Einsatz der Photovoltaik in Gebäuden fördert.

Fenster- und Fassadenelemente mit integrierten Solarzellen geben Architekten und Bauherrn zusätzlichen planerischen Spielraum. So können Lichteinfall der Innenräume und Helligkeit durch die meist nach Süden orientierten Solarfassaden variiert und häufig sogar mechanische Schattenelemente eingespart werden. Weitere Anwendungsbereiche sind zum Beispiel Vorhang- und Ganzglasfassaden, Fenster und Glasdachflächen mit Zusatzfunktionen wie Wärmedämmung oder Schallschutz, Brüstungen, Sonnenschutz- und Verschattungssysteme, Flachdächer oder die Integration in konventionelle Schrägdächer.

Die bis heute in Deutschland realisierten Solarfassaden beweisen den technischen wie ökologischen Durchbruch für energieaktive Fassaden, die auch durch ihre optische Ästhetik überzeugen. Sie zeigen die Vielfalt von Einsatzmöglichkeiten der Photovoltaik in der Architektur und demonstrieren praktisch umgesetzten Umweltschutz. Neben sinnvoller Gestaltung und technischer Perfektion wird der wirtschaftliche Nutzen deutlich: bis nahezu ein Drittel des Energiebedarfs eines modernen Bürogebäudes kann über eine photovoltaische Energiefassade erzeugt werden – das entspricht etwa dem Energiebedarf für die Bürobeleuchtung – und das alles ohne Abgase, Geräusche oder andere Umweltbelastungen.

Fassadenflächen oder Dachsegmente bieten sich für eine homogene Einbeziehung in den Baukörper an. Neben der hohen Energieausbeute bei geneigter Ausrichtung, übernimmt die Energiefassade zuverlässig die Funktionen des Gebäudeabschlusses. Berücksichtigt man den jahreszeitlich differierenden Verlauf der Sonne, garantiert, neben der optimalen Südorientierung einer Solaranlage, auch eine Neigung von 30 bis 40 Grad einen hohen Wirkungsgrad der Anlage.

Solardächer und Solarfassaden

Eine Neuheit auf diesem Gebiet ist die Entwicklung photovoltaischer Dachziegelelemente, die die bisher übliche Dachaufständerung ablöst. Die neuen photovoltaischen Standarddachelemente lassen sich einfach und problemlos in geneigte Dächer integrieren. Die Solarelemente bilden damit einen integrierte Bestandteil des Daches. Verwechslungssichere Kabelführungen vereinfachen die Montage und senken die Kosten. Mit dieser anwendungstechnischen Vereinfachung kann das durch das „1000-Dächer-Programm" initiierte Interesse vieler Bauherren abgedeckt werden.

Solartechnik in der Gebäudeintegration eröffnen der Architektur neue Gestaltungsmöglichkeiten. Besonders durch die Verknüpfung verschiedener

Multifunktionale,
photovoltaische
Fensterelemente

Foto: Pilkington

Funktionen entwickelt diese Technik ihren hohen Reiz. Wie bei der Verwendung hochwertiger, konventioneller Materialien im Fassadenbau, entfalten auch Solartechnikobjekte ihre höchste ästhetische Qualität erst durch übergreifende Gestaltungs- und Planungskonzepte. Rahmenlose photovoltaische Fassadenelemente erlauben außerdem die Montage mit nahezu unsichtbaren Haltepunkten und vermitteln als Vorhangfassade eine flächenübergreifende Optik. Rundgebäude, Kuppeln, Schrägverglasungen und komplizierte Dachkonstruktionen sind architektonische Anwendungen, bei denen die Herausforderung an die Solartechnik besonders deutlich wird. Erst die Möglichkeit, Solarmodule in nahezu jeder gewünschten Abmessung individuell herzustellen und anwendungsfreundlich auszustatten, machte auch diese Bereiche zugänglich.

Durch Verwendung amorpher, lichtdurchlässiger Solarzellen oder durch Variation der Abstände zwischen opaken, lichtundurchlässigen Zellen können selbst tageslichtabhängige Gebäudebereiche, wie zum Beispiel Treppenhäuser, Glasüberdachungen oder Werkhallen, mit Solartechnik ausgestattet werden. Die Lichtdurchlässigkeit kann durch die Zellbestückung ganz individuell angepaßt werden. Im Inneren der Gebäude entsteht – besonders günstig in Sommermonaten – eine angenehme Verschattung ohne das Tageslicht auszugrenzen. Interessante Effekte und die hohe Akzeptanz der Solarenergie kommen hier wirkungsvoll zum Tragen.

Zuschüsse aus öffentlichen Fördermitteln

In den letzten Jahren haben sich die Anstrengungen seitens Forschung, Entwicklung und Herstellung in Bezug auf solare Anwendungen immer weiter gesteigert. Der Stellenwert der Solartechnik ist mit höherem Umweltbewußtsein in der Öffentlichkeit gewachsen. Doch noch immer winken vielfach Entscheidungsträger ab, wenn es um die Durchsetzung von

Solararchitekturprojekten geht, die als ein integraler Bestandteil einer künftigen Energieversorgungsquelle verstanden sein wollen.

Dabei gibt es genug Motivationen, außer der natürlich, die der bekannte Architekt Sir Norman Foster auf den sonnenklaren Nenner bringt: „Solar architecture is not about fashion – it is about survival" (Solararchitektur ist keine Mode – sie bedeutet Überleben), zum Beispiel kann ein Bauherr so gut rechnen, daß es ökologisch wie ökonomisch stimmt.

Nach dem Stromeinspeisungsgesetz sind die Energieversorgungsunternehmen verpflichtet, Strom aus regenerativen Energiequellen abzunehmen und mit rund 18 Pfennig pro Kilowattstunde zu vergüten. Seit kurzem haben einige Städte und Gemeinden die Möglichkeit für eine sogenannte kostendeckende Vergütung geschaffen. Häufig besteht auch die Möglichkeit, Zuschüsse in Form von Fördermitteln für den Bau von Solaranlagen zu erhalten. Eine Förderung kann durch die Gemeinden, die Bundesländer, den Bund oder durch die Europäische Union erfolgen. Je nach Programm und fördernder Institution können Fördermittel zwischen 10 und 50 Prozent erwartet werden.

Verschattungselement in der Glasfassade eines Treppenhauses
Foto: Pilkington

Auf dem Sprung ins Solarzeitalter

Das gemeinsame Engagement von Ingenieuren, Architekten, Bauherrn und der Industrie ist nötig, um die Weiterentwicklung der Solartechnik zu fördern und ihren Einsatz durch kostengünstigere Produktionsmöglichkeiten immer selbstverständlicher werden zu lassen. Dazu sind in hohem Maße die politischen Kräfte gefordert, um mit tragfähigen Programmen den Standort Deutschland für die Solartechnik zu sichern und weiter ausbaufähig zu machen.

Photovoltaische Produkte und Anwendungen haben für Deutschland in den letzten Jahren einen technologischen Vorsprung im Solar-High-Tech-Bereich erreicht, der aber ohne gemeinsame Anstrengungen aller Beteiligten schnell wieder verspielt wäre, wenn der Bedarfsmarkt in Deutschland – und der für den Export – keine neuen Impulse und Förderung erhält. Industrielle Serienfertigung von photovoltaischen Produkten, ebenso wie die individuelle „Maßanfertigung" von Solarfassaden, können Deutschland auf dem Sprung ins Solarzeitalter helfen, die Zukunftstechnologie der Stromerzeugung aus Sonnenenergie zu einem Markenartikel „made in Germany" zu machen.

Neuere Entwicklungen in der Photovoltaik – vom Silizium zur Farbstoffsolarzelle

Von Iver Lauermann

Unter Photovoltaik versteht man die Umwandlung von Lichtenergie in elektrische Energie (griechisch photos: Licht). Dabei wird in einem geeigneten Material Licht absorbiert und damit ein Elektron in einen Zustand höherer Energie gehoben. Dieses Elektron wird durch ein im Material existierendes elektrisches Feld in einen äußeren Stromkreis bewegt; es fließt ein Strom. Die Energie, die dem Elektron durch das absorbierte Licht zugeführt wurde, kann über den elektrischen Strom in einem Verbraucher, zum Beispiel einer Glühlampe, wieder entnommen werden.

Die ersten photovoltaischen Solarzellen bestanden aus kristallinem Silizium – einem Halbleiter – und waren, wie die in der Elektronik eingesetzten Dioden, aus einem sogenannten p-n-Kontakt aufgebaut. Dieser besteht aus zwei Lagen des kristallinen Siliziums, die durch kleinste Mengen gezielt eingebrachter Verunreinigungen entgegengesetzt geladen werden: positiv (p) und negativ (n). Dadurch entsteht ein elektrisches Feld an dieser Grenzfläche, welches die vom Licht angeregten Elektronen – und die zurückbleibenden positiven Ladungen, die „Löcher" – in unterschiedliche Richtungen bewegt. Dieser Vorgang wird auch als Ladungstrennung bezeichnet. Die Elektronen fließen über den negativen Pol der Solarzelle zum Verbraucher und von da weiter zum positiven Pol, wo sie wieder mit den positiven Ladungen vereinigt werden. Somit findet also eine „Wiedervereinigung" der beiden getrennten Ladungen statt, aber erst mit dem Umweg über einen Energieverbraucher. Bildlich gesprochen, haben wir mit Hilfe der Sonnenenergie zwei Ladungen voneinander getrennt und verwenden jetzt die Kraft, mit der die beiden Ladungen wieder zusammenkommen wollen, um Arbeit zu leisten, indem wir sie zwingen, einen Umweg über einen Verbraucher zu machen.

Diese Zellen wurden in den Bell-Laboratorien in den USA im Jahre 1953 erstmalig hergestellt. Sie wurden zunächst für die Energieversorgung von Satelliten eingesetzt, fanden aber auch auf der Erde Einsatzmöglichkeiten. Einem Einsatz für die Stromerzeugung im großen Stil steht aber bis heute der hohe Preis für die Zellen entgegen. Um einen hohen Wirkungsgrad zu erreichen, müssen Zellen aus kristallinem Silizium von großer Reinheit aufgebaut werden. Die Herstellung dieser hochreinen Kristalle, wie sie ähnlich auch für die Herstellung von Halbleiterbauteilen eingesetzt werden, ist sehr energieaufwendig und teuer. Der Wirkungsgrad dieser Zellen, also das Verhältnis von eingestrahlter Sonnenenergie zu nutzbarem Strom, liegt bei den besten Labormustern zur Zeit bei etwa 23 Prozent. Kommerziell erhältliche Zellen haben einen Wirkungsgrad von maximal 18 Prozent. Optisch sind die Solarzellen an der gleichmäßig mattschwarzen oder bläulich schimmernden Oberfläche, auf der in regelmäßigen Abständen Leiterbahnen aus Aluminium verlaufen, zu erkennen.

Eine Möglichkeit zur Kostensenkung stellt die Verwendung von polykristallinem Silizium dar. Dabei besteht die Zelle nicht aus einem einzigen Kristall, sondern aus vielen kleinen Kristalliten. Solche Zellen sind leicht an den glänzenden Facetten auf der Oberfläche zu erkennen; dieses sind die unterschiedlich orientierten Kristallite. Der Wirkungsgrad solcher Zellen ist aber wegen der vielen Kristallgrenzen immer schlechter als der einkristalliner Siliziumsolarzellen.

Dünnschichtzellen

Das kristalline Silizium hat einen entscheidenden Nachteil, der auch für die hohen Kosten verantwortlich ist: es absorbiert Licht relativ schlecht. Deshalb müssen etwa 0,2 Millimeter dicke Schichten des teuren Materials eingesetzt werden. Diese dicken Schichten müssen, da die Elektronen auf ihrem Weg durch das Material von allen Verunreinigungen und Grenz-

Solarzellen aus kristallinem Silizium sind in der Herstellung teuer und energieaufwendig

flächen zwischen Kristalliten behindert werden, auch besonders rein sein. Eine Lösung dieses Problems stellen Materialien dar, die Licht deutlich besser absorbieren als kristallines Silizium. Damit reichen wesentlich dünnere Schichten zur Stromerzeugung aus. Es wird also Material gespart, und diese Schichten müssen wegen der kurzen Wege auch keine so hohe Reinheit wie die kristallinen Siliziumzellen haben.

Eine Reihe solcher Materialien werden in der Photovoltaik eingesetzt. Bei allen treten aber noch Probleme auf, die einer Massenfertigung entgegenstehen. Am weitesten ist die Entwicklung beim amorphen Silizium fortgeschritten. Dies ist eine Form des Siliziums, bei der die Atome keine geordnete Struktur wie in einem Kristall, sondern einen ungeordneten Verbund bilden. Ähnlich ist es beim Kohlenstoff, der in seiner kristallinen Form als Diamant bezeichnet wird, der aber auch in Form von Ruß vorliegen kann. Wie beim Kohlenstoff, so hat auch beim Silizium die ungeordnete (amorphe) Form deutlich andere Eigenschaften als die kristalline.

Wichtig für die Photovoltaik ist hierbei die Eigenschaft, daß Licht sehr viel stärker absorbiert wird. So reicht schon eine Schicht von nur einem halben tausendstel Millimeter aus, um den größten Teil des einfallenden Lichtes zu absorbieren. Leider hat das amorphe Silizium zwei Nachteile: erstens ist der Wirkungsgrad deutlich niedriger als beim kristallinen Material, selbst die besten Laborzellen liegen kaum über 13 Prozent, und zweitens bleibt die anfängliche Leistung der Zellen nicht auf Dauer erhalten, die Zellen verschlechtern ihren Wirkungsgrad im Laufe weniger Monate erheblich. So werden heute zwar amorphe Siliziumzellen kommerziell hergestellt und auch für viele Kleinanwendungen wie Taschenrechner oder Armbanduhren eingesetzt, der Wirkungsgrad dieser Zellen ist aber zur Zeit zu niedrig, um sie zur Energieerzeugung im großen Maßstab einzusetzen.

Andere Dünnschichtmaterialien, die ebenfalls seit vielen Jahren erforscht werden, sind so exotische Verbindungen wie Cadmiumtellurid, eine Verbindung aus Cadmium und Tellur, oder das Kupfer-Indium-Diselenid. Obwohl hier auf kleinen Flächen gute Wirkungsgrade erreicht wurden, ist noch viel Entwicklungsarbeit nötig, um mit diesen Materialien auch großflächige Module – das sind Einheiten aus vielen, miteinander verschalteten Solarzellen – mit hohen Wirkungsgraden herzustellen.

Die Farbstoffsolarzelle

Die bislang jüngste Neuentwicklung auf dem Gebiet der Photovoltaik ist die Farbstoffsolarzelle, nach Professor Michael Grätzel, der an der Eidgenössischen Technischen Hochschule im schweizerischen Lausanne (ETHL) Physikalische Chemie lehrt, auch oft als Grätzel-Zelle bezeichnet. Dort wurden diese Solarzellen erstmalig Ende der 80er Jahre mit einem Wirkungsgrad von über 4 Prozent hergestellt. Auch diese Zelle ist eine Dünnschichtzelle; die aktive Schicht ist nur etwa 10 tausendstel Millimeter dick. Sie besteht im einfachsten Fall aus zwei leitfähig, transparent beschichteten Glasscheiben, zwischen denen sich eine dünne poröse eingefärbte Schicht des weißen Halbleiters Titandioxid und eine leitfähige Salzlösung, der sogenannte Elektrolyt, befinden.

Im Gegensatz zur konventionellen Siliziumsolarzelle, bei der die Funktionen der Lichtabsorption, der Ladungstrennung und des Ladungstransportes von *einem* Material übernommen werden, finden diese Vorgänge bei der Nanosolarzelle in *verschiedenen* Materialien statt. Die Bedeutung dieser Trennung liegt darin, daß jetzt die Gefahr der „Wiedervereinigung" von Elektronen und den positiven Restladungen – schon bevor überhaupt ein äußerer Strom fließt – vermindert werden kann,

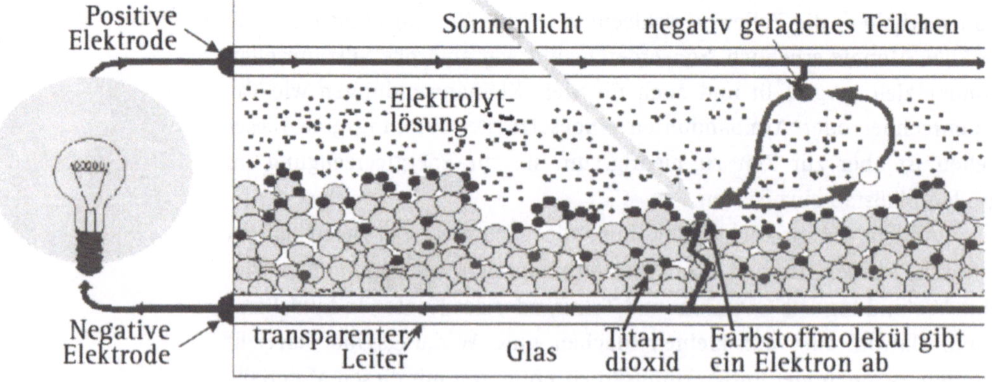

ohne dafür hochreine Materialien verwenden zu müssen. Das Schlüssel-element der Farbstoffsolarzelle ist ein roter Farbstoff, der das Edelmetall Ruthenium enthält. Dieser ist in einer extrem dünnen Schicht auf der Oberfläche des porösen Titandioxids – des Halbleiters – gebunden. Der Farbstoff absorbiert einen Teil des einfallenden Sonnenlichtes. Da nicht alle Wellenlängen gleich stark absorbiert werden, wird von dem weißen Sonnenlicht, das ein Gemisch aus verschiedenen Wellenlängen des sicht-baren Lichtes ist, ein Teil wieder reflektiert; der Farbstoff wirkt rot. Die komplette Zelle ist dann auch an ihrer rotvioletten Farbe deutlich zu erkennen.

Die Absorption des energiereichen Lichtes führt wie beim Silizium zur Anregung eines Elektrons in einen Zustand höherer Energie. Das Elektron wird, um ein vereinfachtes Bild zu gebrauchen, vom einfallen-den Licht angestoßen und von seinem Platz im Farbstoffmolekül in den Halbleiter „katapultiert". Dort ist das Elektron „alleine", die positive Ladung verbleibt auf dem Farbstoff, und eine „Wiedervereinigung" zu diesem Zeitpunkt ist ausgeschlossen. Damit ein elektrischer Strom fließen kann, muß aber ein Stromkreis geschlossen werden. Hierzu dienen der flüssige Elektrolyt und die Gegenelektrode. Verbindet man den Halbleiter über eine externe Leitung mit der Gegenelektrode – bei der Farbstoffso-larzelle ist dies die zweite leitfähige Glasscheibe –, so fließt ein Strom, der sogenannte Photostrom. Der Strom muß dabei von dem flüssigen Elek-trolyten zwischen der Gegenelektrode und der Halbleiterschicht transpor-tiert werden. Dieser Strom, der einem Fluß von negativen Ladungen – den Elektronen – entspricht, sorgt für die Entladung des positiv zurück-gelassenen (oxidierten) Farbstoffmoleküls.

Warum wurde ein so relativ komplizierter Aufbau für die Farb-stoffsolarzelle gewählt? Warum wird eine Flüssigkeit als leitendes Medi-um zwischen den Elektroden verwendet, wo doch alle anderen Solarzel-len aus Feststoffen bestehen? Der Grund hierfür ist der poröse Aufbau der Halbleiterelektrode, der nötig ist, um eine ausreichend große Oberfläche für den Farbstoff zur Verfügung zu stellen. Wäre die Oberfläche glatt, so würde nur etwa 1 Prozent des einfallenden Lichtes durch die dünne Farbstoffschicht absorbiert. Dicke Farbstoffschichten sind aber auch keine Lösung, weil die Farbstoffschichten so schlecht leiten, daß die angeregten Elektronen innerhalb der Schichten nicht bis zum Halbleiter gelangen können. Also muß man statt einer Schicht hundert dünne Schichten übereinander erzeugen – und genau diesen Effekt erzielt man durch die Einfärbung von porösen Schichten. In diesen Schichten ist die „innere" Oberfläche um einen Faktor 800 größer als die einer glatten Schicht. Das Licht, das also von der ersten Farbstoffschicht nicht absorbiert wird, muß noch viele weitere Schichten passieren und wird schließlich vollständig absorbiert. Damit stellt sich aber das Problem der Kontaktierung: um den Stromkreis zu schließen, muß ja jede dieser vielen in der Schicht verborgenen Farbstoffschichten elektrisch leitend mit der Gegenelektrode verbunden werden. Dies gelingt bisher nur mit einer Flüssigkeit, die in die poröse Schicht eindringen kann und auch noch die Farbstoffmoleküle leitend mit der Gegenelektrode verbindet, die im Inneren der Titandioxidschicht verborgen sind.

Chancen der Farbstoffsolarzelle

Aufgrund der überwiegend billigen, leicht verfügbaren Ausgangsmaterialien Glas und Titandioxid – der teure Farbstoff wird nur in geringen Mengen gebraucht – und der einfachen Fertigungsverfahren bei der Herstellung der Farbstoffsolarzellen besteht die Chance, diese Zellen deutlich billiger als diejenigen aus kristallinem Silizium herzustellen. Zwar wird der Wirkungsgrad immer unter dem dieser Zellen liegen, aber ein Zellenwirkungsgrad von fast 10 Prozent wurde an der ETHL bereits erreicht und erscheint auch für eine industrielle Produktion machbar. Noch gibt es Probleme bei der dauerhaften Abdichtung der flüssigkeitsgefüllten Zellen nach außen und der damit verbundenen Stabilität. Mehrere Firmen in Deutschland, der Schweiz und in Australien beschäftigen sich seit 1994 mit der Entwicklung der Farbstoffsolarzelle und beabsichtigen, in wenigen Jahren Pilotfertigungen aufzubauen. Schon im Jahr 1997 sollen die ersten Kleingeräte auf den Markt kommen, die mit dem Strom aus einer Farbstoffsolarzelle versorgt werden. Bis zur Großanwendung zur Stromerzeugung werden aber sicherlich noch einige Jahre vergehen.

Energiespeicherung – das Nadelöhr für Photovoltaikanlagen

Von Jürgen Garche und Peter Harnisch

Eine kontinuierliche Bereitstellung elektrischer Energie für Nutzer photovoltaischer Anlagen setzt eine Speicherung des solar erzeugten Gleichstroms voraus. Verfügbar sind Speichersysteme, die entweder die Elektroenergie direkt speichern, wie Kondensatoren und Spulen, oder aber den Weg der indirekten Speicherung gehen. Bei indirekten Speichersystemen wird die Elektroenergie über einen Wandler in speicherbare Energie – zum Beispiel in chemische, kinetische, potentielle oder Wärmeenergie – umgewandelt, die dann bei Bedarf abgerufen und über einen zweiten Wandler wieder in elektrische Energie überführt wird.

Abgesehen von Kondensatoren, die in Photovoltaiksystemen sehr geringer Leistung wie etwa solaren Taschenrechnern eingesetzt werden, haben sich aufgrund des relativ breit variierbaren Energiebereichs die elektrochemischen Speicher, die Akkumulatoren, als indirekte Speicher durchgesetzt. Bei ihnen findet zunächst eine Umwandlung der elektrischen Energie in chemische Energie statt. Im Rahmen eines zweiten Umwandlungsprozesses kann wieder elektrische Energie dem Akkumulator entnommen werden. Dabei bestimmen die Wandler die Leistung des Akkumulators während dessen Kapazität, gemessen in Amperestunden, durch den Speicher bestimmt wird.

Sind die chemischen Substanzen, die umgewandelt werden – auch Aktivmassen genannt – *fest* und damit schlecht transportfähig, werden sie in der Regel direkt in der elektrochemischen Zelle und zwar in den

Elektroden fixiert. Damit ist die elektrochemische Zelle nicht nur Wandler, sondern auch Speicher. Leistung und Speicherkapazität sind nicht unabhängig voneinander wählbar. Will man die Leistung durch Vergrößerung der Wandlerelemente, das heißt der Elektroden erhöhen, wächst damit auch die Speicherkapazität. Diese Art von Akkumulatoren, zu denen zum Beispiel Bleiakkumulatoren zählen, sind somit Systeme mit *integriertem Speicher*.

Sind die Aktivmassen *flüssig* oder *gasförmig* und damit besser transportfähig, werden sie in der Regel außerhalb der elektrochemischen Zelle in einer Speichereinheit angeordnet. Damit ist der leistungsbestimmende Wandler, die elektrochemische Zelle, baulich von der kapazitätsbestimmenden Speichereinheit getrennt. Leistung und Speicherkapazität kann man damit unabhängig variieren. So kann zum Beispiel die Speicherkapazität durch einfaches Vergrößern des relativ billigen Speichertanks fast beliebig erweitert werden. Der Speicher kann sogar von den elektrochemischen Zellen getrennt und, wenn erforderlich, separat transportiert werden. Diese Art von Akkumulatoren – etwa der Redox-Flow-Akkumulator – sind also Systeme mit *externem Speicher*. Der Aufbau dieser Systeme ist durch das notwendige „Umpumpen" der Aktivmassen relativ kompliziert, wird aber technisch beherrscht.

Eine *Batterie* muß vielfältigen Anforderungen genügen, um sinnvoll im Photovoltaikbetrieb eingesetzt werden zu können, denn sie muß häufig von Nichtfachleuten betrieben und unterhalten werden. Einfache Installation, Bedienung und Wartung sind deshalb Grundvoraussetzungen. Unter Wirtschaftlichkeitsgesichtspunkten sollte die Batterie niedrige spezifische Kilowattstunden-Kosten aufweisen. Errechnet werden die Kilowattstunden-Kosten aus der Summe von Invest- und Betriebskosten des Akkumulators dividiert durch die während der gesamten Lebensdauer gespeicherten Kilowattstunden – also seinen Energiedurchsatz. Die spezifischen Kilowattstunden-Kosten liegen bei Bleiakkumulatoren zwischen 20 und 60 Pfennig je Kilowattstunde, bei Nickel-Cadmium-Batterien zwischen 60 Pfennig und 2 DM je Kilowattstunde.

Natürlich soll die Lebensdauer einer Batterie möglichst hoch sein, insbesondere um die spezifischen Kilowattstunden-Kosten gering zu halten. Sie liegt für Bleiakkumulatoren zwischen 500 und 1500 Zyklen, für Nickel-Cadmium-Batterien zwischen 1500 und 3000 Zyklen. Jedoch wird diese jeweils typ- und belastungsabhängige durchschnittliche Lebensdauer im Solarbetrieb kaum erreicht, weil sich in dieser Anwendung die Lade- und Entladebedingungen zum Teil gravierend von den Testbedingungen der Hersteller unterscheiden.

Der energetische Wirkungsgrad der Batterie, das heißt, das Verhältnis zwischen der aus der Batterie ausgeladenen und in die Batterie eingeladenen Energie, kann für Bleiakkumulatoren mit etwa 90 Prozent und für Nickel-Cadmium-Akkumulatoren mit etwa 70 Prozent angegeben werden. Allerdings ist der energetische Gesamtwirkungsgrad des Photovoltaiksystems, also das Verhältnis zwischen der vom Photovoltaikgenerator erzeugten und der aus der Batterie ausgeladenen Energie ein noch wichtigeres Merkmal. Dieser Gesamtwirkungsgrad hängt nun aber von der Systemdimensionierung ab und ist meist kleiner als der Batteriewirkungsgrad, weil meist nicht alle vom Photovoltaikgenerator maximal erzeugbare Energie in die Batterie eingeladen werden kann – zum Beispiel weil die Batterie häufig schon vor der Mittagszeit die Ladeendspannung erreicht hat und damit der Ladestrom abfällt.

Und dies ist in der Photovoltaikanwendung ebenfalls zu beachten: Durch thermodynamische Instabilitäten der Aktivmassen und des Elektrolyten sowie innere und äußere Kurzschlüsse kommt es in Batterien zu Kapazitätsverlusten, die als Selbstentladung bezeichnet werden. Die Selbstentladung liegt bei 20 Grad Celsius in Abhängigkeit vom Typ für Bleiakkumulatoren bei etwa 3 bis 5 Prozent je Monat und für Nickel-Cadmium-Batterien bei rund 20 Prozent je Monat. Diese Werte verschlechtern sich bei höheren Temperaturen gravierend.

Von den kommerziell verfügbaren Batterien ist darum – vor allem aus Kostengründen – meist der Bleiakkumulator das System der Wahl. Für „Solar Home Systeme" in Entwicklungsländern und für Hobbyanwendungen im Freizeitbereich nutzt man häufig die Starterbatterie-Abkömmlinge, die zur Verbesserung der Lebensdauer etwas dickere Gitterelektroden besitzen. Im halbprofessionellen Bereich, zum Beispiel für Wochenendhäuser, werden geschlossene Röhrchentaschenbatterien bevorzugt. Dabei sind stabförmige Bleielektroden von Aktivmasse umgeben, die durch eine poröse Kunststoffhülle vor Abschlammung geschützt wird. Gas- und Flüssigkeitsaustausch sind möglich, wobei das durch Elektrolytzersetzung gebildete Gas aus der Batterie entweicht und durch Wasser ersetzt werden muß. Im professionellen Bereich nutzt man Akkumulatoren mit Röhrchentaschenelektroden in verschlossener Bauweise. Dabei kann nur Gas im Notfall über ein Ventil entweichen. Der während der Elektrolytzersetzung an der positiven Elektrode gebildete Sauerstoff wird dabei in der Zelle an der negativen Elektrode wieder zu Wasser umgesetzt.

Neben diesen Batteriesystemen mit integriertem Speicher kommen auch Systeme mit externem Speichern wie *Gasakkumulatoren* und *Redox-Flow-Systeme* im Photovoltaikbetrieb zur Anwendung. Ein Gasakkumulator besteht aus einem Wasserelektrolyser, der mit Elektroenergie Wasser dissoziiert und dabei Wasserstoff und Sauerstoff erzeugt, einem Wasserstoffspeicher und einer Brennstoffzelle, in der unter Elektroenergieerzeugung Wasserstoff und Sauerstoff wieder zu Wasser umgesetzt werden. Der Wirkungsgrad eines Gasakkumulators wird durch den des *Elektrolysers*, des Wasserstoffspeichers und den der *Brennstoffzelle* bestimmt. Stand der Technik sind alkalische Elektrolyser, deren Wirkungsgrad bis zu 90 Prozent beträgt. In der Entwicklung befinden sich PEM-Elektrolyser (Polymer-Elektrolyt-Membran-Elektrolyser), deren Wirkungsgrad etwa gleich sein wird, die aber durch Verwendung einer dünnen polymeren, protonenleitenden Membran mit geringem Widerstand wesentlich höhere Stromdichten erlauben.

Es wurden unterschiedliche Typen von Brennstoffzellen entwickelt, die sich im wesentlichen durch den verwendeten Elektrolyten, die Arbeitstemperatur und das verwendete Brenngas unterscheiden. Für den Gasakkumulator in der Photovoltaikanwendung wird die PEM-Brennstoffzelle favorisiert, die bei etwa 90 Grad Celsius arbeitet und bei der im Zuge der Zellentwicklung für Elektrofahrzeuge auch relativ niedrige Kosten erwartet werden können. Der Wirkungsgrad dieser Zelle liegt bei etwa 50 bis 60 Prozent. Der Wasserstoff wird in der Regel unter Druck – bis etwa 30 bar – in Behältern gespeichert. Der Wirkungsgrad solcher Wasserstoffspeicher liegt bei etwa 90 Prozent.

Obwohl mit dem Gasakkumulator die gesamte durch den Photovoltaikgenerator erzeugbare Elektroenergie genutzt werden kann, ist aufgrund der Nachteile – relativ niedriger Gesamtwirkungsgrad des Systems (nur etwa 40 Prozent), relativ komplizierte Betriebsführung und relativ hohe Kosten – eine breite Nutzung dieser Technik bisher ausgeblieben.

Die Redox-Flow-Systeme oder auch Flußsysteme nutzen ebenfalls externe Speicher. Eine elektrochemische Zelle wandelt bei ihnen sowohl die elektrische in chemische Energie als auch die chemische in elektrische. Dabei sind die Aktivmassen dieser Systeme in Wasser gelöst. Neben den Vorteilen – hoher Wirkungsgrad (größer als 80 Prozent), keine Überlade- und Tiefentladeprobleme sowie geringe Kosten – ist als ein gewisser Nachteil die mit 25 Wattstunden je Kilogramm relativ geringe spezifische Energie für mobile Anwendungen zu nennen. Bei der stationären Photovoltaikanwendung fällt dieser Nachteil allerdings nicht ins Gewicht.

Wasserstoffenergiewirtschaft

Der beschriebene Gasakkumulator kann in einer zukünftigen globalen Energiewirtschaft auf Wasserstoffbasis zum Zuge kommen. Der Wasserstoff kann darin beim Verbraucher entweder direkt verbrannt und in Wärme (Heizung) beziehungsweise Kraft (Wasserstoffmotor) umgewandelt oder aber auch mittels Brennstoffzellen in Elektroenergie umgewandelt werden. Wird auch die „Abfallwärme" der Brennstoffzelle genutzt, kann deren Gesamtwirkungsgrad noch wesentlich gesteigert werden.

Eine *Wasserstoff-Energiewirtschaft* hätte den Vorteil, daß die Sekundärenergie Wasserstoff im Gegensatz zur elektrischen Sekundärenergie gespeichert und über größere Strecken billiger transportiert werden kann. Wobei der Wasserstoff an Orten, an denen ein großes und relativ preiswertes Angebot von regenerativ erzeugter Elektroenergie existiert, durch Elektrolyse erzeugt werden kann. Denkbar wäre die für die Dissoziation des Wassers notwendige Elektroenergieerzeugung mit Photovoltaik in der Sahara oder mit Wasserkraft in Kanada im Rahmen des Euro-Quebec-Hydro-Hydrogen-Pilot-Projekt (EQHHPP).

Wasserstoff kann anschließend zum Beispiel nach Europa transportiert und dort genutzt werden. Transportiert werden kann Wasserstoff als flüssiger Wasserstoff oder in einem chemischen Wasserstoffträger. Bei den chemischen Wasserstoffträgern wird zum Beispiel Toluol mit Wasserstoff hydriert, in Tankschiffen transportiert und am Zielort wieder dehydriert. Nach Dehydrierung wird der Träger wieder zurückgeschifft.

Ein weiterer Wasserstoffträger ist Methanol, das man aber zum großen Teil auch direkt verwenden kann und nur in wenigen Fällen vor der Nutzung, zum Beispiel in Reformern zu Wasserstoff umgewandeln muß. In Analogie zur Wasserstoffenergiewirtschaft kann man so eine Methanolenergiewirtschaft mit dem Sekundärenergieträger Methanol aufbauen. Methanol ist weniger gefährlich als Wasserstoff und bei Normaltemperatur flüssig, also gut transportfähig. Methanol kann durch Gärung erhalten werden oder aber aus dem Wasserstoff und dem Kohlendioxid der Luft synthetisiert werden. Das Zentrum für Sonnenenergie und Wasserstoff-Forschung Baden-Württemberg arbeitet an einem solchen Methanolzyklus

Einige Elemente dieser Wasserstoff- beziehungsweise Methanolenergiewirtschaft sind bereits technisch erprobt und wurden in Demonstrationsanlagen zusammengeführt. Zu nennen wären zum Beispiel die Solarwasserstoffanlage Neunburg vor dem Wald, wo die Brennstoffzelle einen Gesamtwirkungsgrad von rund 90 Prozent erreicht, weil neben der Elektroenergie gleichzeitig Nutzwärme produziert wird, und das Solarhaus Freiburg, bei dem die notwendige Raumwärme das ganze Jahr durch komplexe aktive und passive Maßnahmen aufrechterhalten wird, zu denen auch der Wasserstoff durch direkte Verbrennung und Wärmeauskopplung aus der Brennstoffzelle beiträgt. Katalytische Wasserstoffbrenner werden zum Kochen genutzt.

In dem japanischen World-Energy-Network-Programm (WENET) wird zur Zeit ein globales, länderübergreifende Energieprogarmm auf Basis von Wasserstoff, Methanol und anderen Energieträgern untersucht. Bis zu einer breiten Einführung bedarf es jedoch noch umfangreicher Forschungs- und Entwicklungsarbeiten sowie einer detaillierten Wirtschaftlichkeitsrechnung der verschiedenen Systeme.

PHOEBUS – das Jülicher System Photovoltaik-Elektrolyse-Brennstoffzelle

Von Heinz Barthels

Die heutige Stromversorgung steht bei den Industrienationen weltweit im Zeichen zentraler Systeme auf der Basis fossiler Brennstoffe mit entsprechender Stromverteilung durch Verbundnetze, die bei den meisten regenerativen Energieumwandlungssystemen mit Netzeinspeisung noch die Funktion eines „Pseudoenergiespeichers" wahrnehmen. Sobald der regenerative Energieanteil als zusätzliche Netzlast die technisch noch vertretbare Grenze der Netzeinspeisung – hier werden Lastanteile von 20 bis 30 Prozent genannt – überschreitet, sind geeignete Verfahren der netzfreien Energiespeicherung notwendig.

Zukünftige Energiespeichersysteme müssen dabei in der Lage sein, sowohl kleine Energiemengen großer Leistungsschwankung – etwa durch wechselnde solare Einstrahlungen oder Windgeschwindigkeiten im Tagesgang – über kürzere Zeiträume als auch größere Energiemengen über längere Zeiträume (saisonal) zu speichern. Von großer Bedeutung ist auch der beträchtliche Nachholbedarf der elektrischen Versorgung in Entwicklungsländern und im südlichen Europa, wo eine Netzanbindung wegen meist dünner Besiedlung schon heute zu kostspielig erscheint.

Angesichts der ökologischen Bedrohung durch die Freisetzung von Schadstoffen bei der Verbrennung fossiler Energieträger und deren begrenzten Vorräte und auch angesichts unserer Verantwortung für eine vor allem ökologisch richtungweisende Energieversorgung für Enwicklungsländer kann und sollte das strategische Ziel die Entwicklung von dezentralen und weitgehendst autonomen Energieversorgungsanlagen auf regenerativer Basis sein. Da sich Solarzellen zu Stromgeneratoren beliebiger Größe und auch elektrochemische Zellen als Speicherkomponenten in nahezu jeder Leistungsgröße verschalten lassen, können photovoltaische Anlagen als autonome Systeme in einem breiten Leistungsbereich ohne nachteiligen Einfluß auf die Effizienz eingesetzt werden. Anstelle von Photovoltaikgeneratoren oder auch in Kombination können Windkraftanlagen eingesetzt werden, die heute bereits einen hohen technischen Stand erreicht haben und auch im windschwächeren Binnenland energetisch attraktiv sind.

Durch fast schadstofffreien Betrieb und mit der Möglichkeit des modularen Aufbaus, des Fortfalls des Netzanschlusses und des Brennstofftransportes sind derartige Anlagen für den dezentralen Einsatz besonders geeignet. Als denkbare Entwicklungsschritte zu einer dezentralen, autonomen Energieversorgung mit der Möglichkeit, neben der elektrischen Energie auch Wärmeenergie mit flexibler Bedarfsanpassung und hoher Effizienz zu gewinnen, sind konzeptionell verschiedene Anlagenvarianten mit unterschiedlichen Energiequellen und Speichersystemen, auch in hybrider Betriebsweise, zu nennen: Zum Beispiel Blockheizkraftwerke mit Diesel- beziehungsweise Gasmotor oder mit Brennstoffzelle, Hybridsysteme – regenerativ und fossil – mit Kurzzeitspeicherung mittels Batterien sowie Systeme auf rein regenerativer Basis mit Langzeitspeicherung auf Wasserstoffbasis. Diese lassen sich zum Beispiel als Photovoltaikgenerator plus Batterie plus Elektrolyse-Wasserstoff plus Brennstoffzelle oder als Windkonverter plus Photovoltaikgenerator plus Batterie mit Elektrolyse-Wasserstoff zur Kraft-Wärme-Kopplung realisieren.

Das sich durch solche Konfigurationen ergebende Einsatzpotential erneuerbarer Energien kann mit konventionellen Systemen verzahnt und somit schrittweise erschlossen werden. Wenn also langfristig größere Versorgungsbeiträge aus erneuerbaren Energiequellen zu erbringen sind, müssen Konzepte der Energiespeicherung sowohl im Kurzzeit- wie im Langzeitbereich als wichtige Elemente einer solaren Energieversorgung erstellt und entsprechende Maßnahmen im Forschungsbereich schon jetzt eingeleitet werden.

Anforderungen an autonome Systeme

Das Forschungszentrum Jülich betreibt im Rahmen der Arbeitsgemeinschaft Solar Nordrhein-Westfalen zur weiteren intensiven Förderung dieser Technologien die Demonstrationsanlage PHOEBUS, die alle wichtigen Komponenten für eine ganzjährige Energieversorgung aus Solarenergie beinhaltet. Besondere Bedeutung hat hierbei die Energiespeicherung, die im Kurzzeitbereich – einige Tage – durch einen Batteriespeicher und saisonal durch die Umwandlung von elektrischer Energie in Wasserstoff realisiert ist. Die Erprobung, die Weiterentwicklung und Optimierung aller eingesetzten Komponenten sowie die Entwicklung von Betriebsführungsstrategien für das Gesamtsystem sind hierbei die vorrangigen Forschungsziele.

In Wärmekraftwerken wird die elektrische Energie durch Umwandlung fossiler Energieträger, das heißt Kohle, Erdgas oder Erdöl, bereitgestellt. Der Energieträger ist gleichzeitig auch der Energiespeicher und ermöglicht dadurch, die Erzeugung elektrischer Energie dem Bedarf anzupassen. Grundsätzlich verschieden davon ist die Energieumwandlung in photovoltaischen Systemen, in denen das Licht direkt in elektrischen Strom umgewandelt wird. Die elektrische Leistung eines Solar- beziehungsweise Photovoltaikgenerators hängt direkt mit der Stärke der Einstrahlung, das heißt dem Sonnenlicht, zusammen. Das solare Energieangebot wird deshalb nur selten dem momentanen Bedarf entsprechen, so daß ein Photovoltaikgenerator sinnvoll nur in Verbindung mit einem Energiespeicher betrieben werden kann. Denn im Gegensatz zur konventionellen Kraftwerkstechnik läßt sich die Energiewandlung nicht direkt durch Steuerung der Brennstoffzufuhr beeinflussen, sondern die erzeugte Solar- oder Windenergie muß direkt genutzt und der Überschuß gespeichert werden.

Aufgrund der Systemstruktur unterscheidet man im wesentlichen zwei Typen von regenerativen Versorgungssystemen: netzgekoppelte Systeme und Inselsysteme. Die Inselversorgung bedeutet die Unabhängig-

keit vom öffentlichen Netz, das bei vielen regenerativen Energieumwandlungssystemen noch die Funktion eines Energiespeichers wahr-
nimmt. Mit wachsendem Anteil solar- und winderzeugter elektrischer
Energie rückt das Speicherproblem immer mehr in den Vordergrund.
Schon heute ist erkennbar, daß insbesondere in Ländern mit wenig
entwickelter Infrastruktur und mit geringer Versorgung durch meist weit
entfernte öffentliche Netze eine dezentrale Inselversorgung mit regenerativer Energie die kostengünstigere Lösung darstellt.

Als Speicher für den täglichen Last- und Energieausgleich kommen
elektrochemische Energiewandler, vorzugsweise modifizierte Bleibatte-
rien, zur Anwendung. Es kommt jedoch auch vor, daß weder die vom
Solargenerator erzeugte Energie noch die in der Batterie gespeicherte
Energie für die Bedarfsdeckung ausreichen, zum Beispiel nach längeren
einstrahlungsschwachen Perioden, insbesondere im Winterhalbjahr, und
daher Systeme für die Langzeitspeicherung gefunden werden müssen. Ein
derartiger Speicher elektrischer Energie läßt sich mit dem System der
Wasserstofferzeugung mittels Elektrolyse, der anschließenden Speicherung der Produktgase über beliebig lange Zeiten und der bedarfsangepaß-
ten Rückverstromung des Wasserstoffs in einer Brennstoffzelle erzielen,
wobei die elektrochemische Energiewandlung in der Brennstoffzelle praktisch der inverse Vorgang der Elektrolyse ist.

Die gesamte Energieumwandlungskette der hier vorgestellten Anlage läuft völlig frei von schadhaften Emissionen ab. Das Reaktionsprodukt
der „kalten Verbrennung" von Wasserstoff in der Brennstoffzelle ist
Wasser, das wiederum in der Elektrolyse mit dem zu speichernden Strom
in seine Bestandteile Wasserstoff und Sauerstoff zerlegt wird.

Mit der Errichtung der Demonstrationsanlage im Forschungszentrum Jülich werden seit Herbst 1993 die wesentlichen Systemschritte
einer solarelektrischen Inselversorgung untersucht, und mit diesem Vorhaben soll ein zukunftsorientierter Weg zur Erreichung einer dezentralen,
autonomen Energieversorgung in einer praxisnahen Größenordnung be-
schritten werden. Die zentrale Aufgabe besteht darin, die erforderliche
Speicherung über den Energieträger Wasserstoff unter Berücksichtigung
aller wesentlichen Systemschritte einer solaren Stromversorgung in der

vorgestellten Demonstrationsanlage zu erproben, die Systemkomponenten aufeinander abzustimmen und die Gesamtanlage so zu optimieren, daß Energieverluste möglichst gering sind. Bei der Betrachtung der Energieflüsse und ihrer Umwandlung in den einzelnen Anlagenkomponenten kommt es vor allem darauf an, die Energieausbeute zu maximieren und das Leistungsangebot möglichst gut an die Versorgungsaufgabe anzupassen. Dies bedingt hohe systemtechnische Anforderungen an die Nutzungsgrade sowie an die Regelung der einzelnen Komponenten in einem weiten Leistungsbereich. Insgesamt hat man es zur Erfüllung der gestellten Aufgaben mit einem komplexen System, bestehend aus verknüpften Komponenten von Energiewandlern und Energiespeichern, eingebunden zwischen einer stark schwankenden solaren Energieeinstrahlung und einem nicht angepaßten Verbraucher zu tun. Darüber hinaus ist verschiedenen Anforderungen an die elektrochemischen Komponenten in bezug auf Lebensdauer, Betriebssicherheit (Wasserstoff- und Sauerstoffgas), Anfahr- und Abfahrvorgänge sowie Ausgrenzung bestimmter Betriebszustände – zum Beispiel nutzungsgradmindernde Schwachlastbereiche, Vermeidung der Tiefentladung und Gasungsladung der Batterie, sprungförmig wechselnde Belastung – Rechnung zu tragen.

Aus den genannten Anforderungen wird ersichtlich, daß an die Betriebsführung einer solchen Inselanlage ganz neue Maßstäbe gelegt werden müssen, die nur von einem rechnergestützten Last- oder Energiemanagement zu bewältigen sind. Mit der Einbindung eines Elektrolyseurs, eines Wasserstoff-Sauerstoff-Speichers und einer Brennstoffzelle in die intermittierende Betriebsweise der Solargeneratorfelder auf der einen Seite und mit der Forderung nach ganzjähriger Versorgung eines Gebäudes mit seiner verbrauchsspezifischen Charakteristik auf der anderen Seite gilt es im Hinblick auf die Energiespeicherung zu untersuchen, welche Varianten und Teile dieser Komponenten den Anforderungen gerecht werden.

Die Vielzahl der Einsatzmöglichkeiten einer photovoltaischen Energieversorgung erfordert daher neben der Optimierung der solarelektrischen Umwandlung im Photovoltaikmodul auch system- und verfahrenstechnische Überlegungen und Entwicklungsschritte, um den Gesamtnut-

Energiemanagement mit Hilfe des Computers

zungsgrad von derartigen Anlagen durch bestmögliche Abstimmung der Einzelkomponenten zu optimieren und eine lange Lebensdauer bei möglichst reduziertem Kosten- und Wartungsaufwand und hoher Betriebssicherheit zu erreichen.

Das Anlagenkonzept

Mit den ersten Überlegungen zur Realisierung des Projekts wurde im Jahre 1991 begonnen. Im Vordergrund stand die Frage der Anlagenauslegung und damit die Bestimmung der Komponentenleistungen, die dann mit Hilfe der dafür eigens entwickelten Simulationsprogramme durchgeführt wurde. Da anfänglich nur wenige belastbare Aussagen über die Effizienzcharakteristik der einzelnen Systemkomponenten vorlagen und insbesondere der tägliche und jährliche Lastgang des Verbrauchers schwer abzuschätzen war, entschlossen wir uns, ausgehend von einer durch die Gebäudeverhältnisse der Zentralbibliothek vorgegebenen Solarfläche, den solaren Energieertrag zu bestimmen und die Verbraucherenergie entsprechend der rechnerisch verfügbaren Energie unter autonomen Bedingungen anzupassen, was bei der Größe der Zentralbibliothek ohne weiteres möglich war. Im Regelfall würde man bei genauer Kenntnis des Verbraucherlastganges und des Anlagenverhaltens umgekehrt verfahren!

Mit der Vorgabe, den optischen Charakter des Bibliothekgebäudes zu bewahren, standen daher bei der Planung nicht nur die Optimierungskriterien für die solarelektrische Energiewandlung im Vordergrund, sondern es bedurfte für die bauliche Einbindung der Photovoltaikmodule in ein bestehendes Gebäude mit Nutzung der Fassade einer engen Zusammenarbeit von unterschiedlichen Disziplinen, wie Stahl- und Aluminium-Konstruktionsbau, Architektur, Statik, Modulherstellung und Elektroinstallation. Aus optischen und wärmetechnischen Gründen wurde die hinterlüftete Vorhangfassadenaufhängung so gewählt, daß die Photovoltaikmodulgröße dem Fensterrastermaß des Gebäudes von 1,71 Meter Höhe und 1,13 Meter Breite entsprach.

Insgesamt wurden 220 Module mit 31 200 monokristallinen Siliziumzellen, verteilt auf 184 Module mit je 150 Zellen und 36 Module mit je

100 Zellen à 100 Quadratzentimeter installiert, wobei der 100-Zellen-Modul eine ausreichende Lichttransparenz für die dahinterliegenden Gebäudefenster besitzt. Die installierte Nennleistung aller Photovoltaikfelder liegt bei 43 Kilowatt. Sie ist damit die derzeit größte gebäudeintegrierte Photovoltaikanlage Deutschlands. Die Module wurden auf vier Generatorfelder mit unterschiedlicher Modulneigung – 90 Grad in der Fassade, 40 Grad auf dem Dach – und azimuthaler Ausrichtung – Südost und Südwest – so verteilt, daß annähernd eine symmetrische Einstrahlung im Tagesgang erzielt wird.

Alle Anlagenkomponenten sind direkt oder indirekt über Gleichstromsteller (DC/DC-Steller) mit der Gleichstromschiene verbunden, die die Aufgabe der Energiesammlung und Energieverteilung mit Hilfe des Energiemanagements vornimmt. Die Verbindung zwischen den Systemkomponenten Generatorfelder, Elektrolyseur, Brennstoffzelle und dem Verbraucher wird also über eine Leistungselektronik hergestellt, die für die notwendige Spannungstransformation sorgt und die die einzelnen, vom Energiemanagement vorgegebenen Leistungsflüsse regelt beziehungsweise im Wechselrichter den Gleichstrom in Wechselstrom umformt.

Eine Blei-Schwefelsäure-Batterie ist direkt mit der Schiene gekoppelt und prägt ihr die Spannung auf, die, je nach Ladezustand, zwischen 200 und 260 Volt liegen kann, aber bei schienenbezogenen Leistungsexkursionen nahezu konstant bleibt. Neben den Aufgaben der Lastpufferung und der Spannungskonstanthaltung übernimmt die Batterie auch mit einer Kapazität von 300 Kilowattstunden die Kurzzeitspeicherung mit einer „Drei-Tage-Autonomie" für die Anlage.

Ohne eine übergeordnete Regelung wäre die Demonstrationsanlage nicht annähernd funktionsfähig und würde sich meist weit entfernt von optimal möglichen Arbeitspunkten befinden. Die Anlage könnte ihr Hauptziel, nämlich die ganzjährige ununterbrochene Bereitstellung elektrischer Energie im Inselbetrieb, wohl kaum erfüllen. Daher wurde die Anlage mit einer „Energiemanagement" genannten Regelungssoftware ausgerüstet, welche auf dem Leitrechner, einem herkömmlichen Personalcomputer implementiert ist.

Zu den Regelungsaufgaben gehört also das Führen der Anlage nach vorgegebenen Optimierungskriterien, wie höchstmögliche Energieeffizienz, Versorgungssicherheit, schonende Batterieladung mit Vermeidung der Tiefentladung und die Minimierung der Schaltzyklen der elektrochemischen Energiewandler. Als Regelgrößen werden Ladungszustände der Batterie definiert. Als Stellglieder fungieren der Elektrolyseur und die Brennstoffzelle mit ihren zugehörigen Gleichstromstellern, deren schienenseitige Leistungen die Stellgrößen des Systems sind. Die zeitlichen Schwankungen des solaren Energieertrages und des Lastgangs der Verbraucher sind die Störgrößen im regelungstechnischen Sinn.

Um den automatischen Betrieb der Anlage sicherzustellen, wurde ein vollautomatisches Leit- und Meßsystem konzipiert. Für die Betriebsführung und Meßwerterfassung sind zwei PCs installiert, wobei ein PC als

Leitrechner mit den einzelnen Gleichstromstellern über serielle Schnittstellen kommuniziert und die relevanten Anlagenmeßwerte verarbeitet. Die Meßwertauswertung und die Visualisierung werden von dem zweiten PC durchgeführt. Etwa 240 Meßwerte werden im Sekundentakt erfaßt und die für die Betriebsführung erforderlichen Daten können „online" dargestellt werden.

Die Versorgung der Zentralbibliothek mit Wechselstrom erfolgt von der Gleichstromschiene über einen einphasigen Wechselrichter mit einer Nennleistung von 15 Kilowatt. Eine Umschalteinrichtung ermöglicht im Störfall zwischen dem Inselnetz und dem öffentlichen Netz eine unterbrechungsfreie Umschaltung.

Der Elektrolyseur zerlegt Wasser in Wasserstoff und Sauerstoff
Foto: Forschungszentrum Jülich

Auf dem Pfad des Langzeitspeichers wird die Überschußenergie des Sommerhalbjahres mit Hilfe der Wasserelektrolyse bei 7 bar Systemdruck in Wasserstoff und Sauerstoff verwandelt und über die Niederdruckspeicher mit anschließender Verdichtung mit pneumatisch angetriebenen Kompressoren in die Hochdruckspeicher befördert. Im Winterhalbjahr, bei nicht ausreichender Solarenergiedeckung, erfolgt dann die bedarfsangepaßte Rückverstromung der beiden Gase in der Brennstoffzelle mit anschließender Einspeisung der elektrischen Energie auf die Gleichstromschiene. Der Elektrolyseur wird über einen Stromsteller auf die Nennbetriebsspannung von 35 Volt gebracht. Er wurde für eine Nennleistung von 26 Kilowatt ausgelegt, was der solaren Summenspitzenleistung aller Solarfelder entspricht. In fortgeschrittener Bauweise mit neuester Technologie der Elektroden und Diaphragmen wurden energetische Wirkungsgrade im Jahresmittel von 88 Prozent erreicht.

Seit der Inbetriebnahme im Jahre 1994 arbeitet der Elektrolyseur unter den schwankenden solarspezifischen Bedingungen ohne Probleme. In einer nachgeschalteten Gasaufbereitungsanlage werden die Produktgase von Elektrolytbestandteilen (Kalilauge) befreit und der Sauerstoffgehalt im Wasserstoff von 200 parts per million (ppm) auf Werte kleiner als 1 ppm gesenkt.

Für die erste Phase des Anlagenbetriebs steht für die Rückverstromung eine alkalische Wasserstoff-Sauerstoff-Brennstoffzelle zur Verfügung. Deren Nennleistung beträgt 6,5 Kilowatt bei 48 Volt und 135 Ampere. Der besondere Vorteil dieses Brennstoffzellentyps ist der günstige Wirkungsgrad von 50 Prozent bei Nennbetrieb mit einem Anstieg auf etwa 57 Prozent bei Teillast und die größtmögliche Ausnutzung der Reaktanden. Die Anfahrzeit auf Betriebstemperatur von 80 Grad Celsius dauert 15 Minuten. Ein Spaltverdampfer sorgt für die Ausschleusung des Produktwassers und der Reaktionswärme, die über einen Kühlkreislauf zu Heizzwecken genutzt werden kann.

Nach unseren Erfahrungen erweist sich die alkalische Brennstoffzellenanlage wegen ihres komplexen Aufbaus und ihres flüssigen Elektrolyten Kaliumhydroxid allerdings als sehr empfindlich für den automatischen Betrieb. Vor allem ist die Möglichkeit der irreversiblen Schädigung der Nickelanode durch Sauerstoffeinbruch ein Gefährdungspotential. Insbesondere bereitet der ständige Austrag von geringen Elektrolytmengen in die gasführenden Leitungen Leckageprobleme an Ventilen. Da die alkalische Brennstoffzelle neben der Produktgasverdichtung zur Zeit noch die Schwachstelle im Energiespeicher ist, wurde bereits seit 1994 mit der Weiterentwicklung einer PEM-Brennstoffzelle (Proton Exchange Membrane) im Hinblick auf den speicherspezifischen Einsatz begonnen. Ziel ist der Einsatz von betriebszuverlässigen 5-Kilowatt-Modulen in Eigenproduktion.

Um die autonomen Rahmenbedingungen zu erfüllen, kann mit der eingestrahlten Solarenergie von 280 Megawattstunden pro Jahr – dieser Wert entspricht dem langjährigen Mittel 1982 bis 1995 – der Verbraucher eine Lieferung von 17,6 Megawattstunden pro Jahr erwarten. Gleichzeitig wird dafür im Winterhalbjahr eine Wasserstoffmenge von 1820 Normkubikmetern (Normtemperatur 0 Grad Celsius, Normdruck 1013 Millibar) benötigt.

Die Verteilung der Verluste in den einzelnen Komponenten relativ zum Gesamtverlust der Anlage von 11,2 Megawattstunden zeigt, daß die absoluten Verluste in den vier Photovoltaikstellern und in der Brennstoffzelle mit je einem Anteil von 25 Prozent bei weitem am größten sind, dicht gefolgt vom Wechselrichter mit 20 Prozent.

Der Gesamtwirkungsgrad der Anlage beträgt mit der solarelektrischen Eingangsenergie von 28,8 Megawattstunden pro Jahr und der verfügbaren Verbraucherenergie von 17,6 Megawattstunden pro Jahr immerhin noch 61 Prozent. Die größten Verluste entstehen auf dem Pfad des Langzeitspeichers, dessen Gesamtwirkungsgrad nur 37 Prozent beträgt. Da aber nur ein Teil der Eingangsenergie über den Speicher fließt, halten sich die Verluste insgesamt in Grenzen.

Die den Photovoltaikfeldern nachgeschaltete Anlage besteht aus der alkalischen Brennstoffzelle (links), dem Elektrolyseur (vorn Mitte) mit der Gasaufbereitung (hinten Mitte), der Batterie mit 110 Zellen (rechts) sowie der Leistungselektronik für Betriebsführung und Spannungstransformation (in den Schränken)

Foto: Forschungszentrum Jülich

Die sicherheitstechnische Ausstattung der Anlage

Die Betriebserlaubnis zum Betreiben der Wasserstoff- und Sauerstoffspeicher wurde nach Erfüllung aller sicherheitstechnischen Auflagen am 1. Juli 1995 erteilt. Hier lieferten eine Risikostudie und die Gutachten des TÜV-Rheinland wichtige Beiträge zum Konzept der Sicherheitseinrichtungen und -überwachungen. Die begleitende probabilistische Zuverlässigkeits- und Risikoanalyse für den Gaspfad der Anlage wurde vom Institut für Sicherheitsforschung und Reaktortechnik (ISR) des Forschungszentrums Jülich durchgeführt und diente der Identifizierung von Gefährdungspotentialen und störfallauslösenden Ereignissen, der Abschätzung von Häufigkeiten für risikorelevante Ereignisabläufe und der Entwicklung von Konzepten zur Störfallbeherrschung mit Schlußfolgerungen für künftige Anlagen.

Zusammenfassend können für die sicherheitstechnischen Maßnahmen und Störfallanalysen im Umgang mit der Wasserstofftechnologie der PHOEBUS-Anlage die wesentlichen Merkmale und Erkenntnisse wie folgt konstatiert werden: Der Betrieb der Anlage und die Auslösung von Schutzmaßnahmen sind voll automatisiert und bedürfen keines Handeingriffs. Bedienungsfehler spielen sicherheitstechnisch eine untergeordnete Rolle. Netzausfälle und Störungen in der Energie- und Hilfsstoffversorgung (Stickstoff, Druckluft, Wasser) sind für die Sicherheit unkritisch; so erfolgt zum Beispiel eine Schließung der pneumatisch gesteuerten Ventile nach Abfall der Haltemagnete. Elektrolyseur und Brennstoffzelle werden über eigene autonome Überwachungseinrichtungen automatisch in den sicheren Zustand gefahren. Der Hochdruckbetrieb (größer als 7 bar) der Anlage erfolgt nur im Außenbereich. Im Hallenbereich der Anlage ist das Wasserstoff- und Sauerstoffinventar sehr gering; die Beherrschung „mittlerer Hallenlecks" – bis 120 Normkubikmeter Wasserstoff pro Stunde – wird schon durch passive Maßnahmen wie eine natürliche Hallenentlüftung erreicht. Kleine Querschnitte der gasführenden Leitungen verringern bei einer Leckage durch natürliche Drosselung die möglichen Austrittsmengen. Die Aufteilung des Gasspeichervolumens auf eine Vielzahl von Hochdruckbehältern im Außenbereich wirkt risikomindernd.

Der Betrieb der Anlage ist automatisiert

Fazit

Nach den bisher gemachten Betriebserfahrungen dürften mehrere Jahre erforderlich sein, um die Anlage betriebsmäßig zu optimieren und ihr Verhalten meßtechnisch zu analysieren. Dabei ist zu erwarten, daß sich eine Reihe von zusätzlichen Anforderungen an wichtige Komponenten wie Elektrolyseur, Brennstoffzelle, Wasserstoff-Sauerstoff-Speicher, Verdichter und elektrische Leistungsaufbereitung ergeben werden, die in die weitere Entwicklung dieser Aggregate einfließen werden.

Arbeiten zur Entwicklung von fortschrittlichen Elektrolyse- und Brennstoffzellen sind Bestandteil des Energieforschungsprogramms des Forschungszentrums Jülich und werden in Kontakt zur Industrie durchgeführt, so daß mittelbar eine Anbindung des Solarprojektes an industrielle Arbeiten besteht. Die eingeleitete Entwicklung von PEM-Brennstoffzellen in Modultechnik ist vielversprechend und bietet die Möglichkeit, auch Anwendungspotentiale im Rahmen der Wasserstofftechnologie in dezentralen stationären Bereichen zu erschließen, wo sich möglicherweise auch ein Markt finden läßt, um nicht zuletzt auch den ökologischen Anforderungen gerecht zu werden.

Mit der im Forschungszentrum vorhandenen Expertise und durch interdisziplinäre Zusammenarbeit – sowohl im Bereich der elektrochemischen Grundlagenforschung als auch im Bereich der Verfahrens-, Werkstoff-, Konstruktions- und Fertigungstechnik – sind alle Veraussetzungen für einen erfolgreichen Abschluß der Brennstoffzellenentwicklung bis zum Komplettaggregat gegeben. Dieses wird in der PHOEBUS-Anlage einen ersten anwendungsorientierten Einsatz als Komponente der Energiespeichertechnik erfahren.

Der in der Anlage gemessene Eigenbedarf an Hilfsenergie ist mit etwa 4 Megawattstunden pro Jahr bezogen auf die verfügbare Gesamtenergie relativ hoch, aber nicht proportional zur Anlagenleistung, so daß hier auch die Mindestleistungsgröße derartiger Anlagen aufgezeigt wird, die aus diesen Gründen schon wesentlich größer als die PHOEBUS-Anlage sein sollte. Die optimale Größe derartiger Anlagen wird aber noch von vielen anderen Faktoren bestimmt, zum Beispiel durch Kosten, Laststruktur, Speicherkonzept, Anlagenkonfiguration, Regelung und Standort, und kann letztendlich nur mit praxiserprobten Mitteln der Simulationstechnik behandelt werden. Die Frage nach der optimalen Größe von dezentral ausgerichteten Anlagen wird nicht zuletzt durch das Speicherkonzept selbst bestimmt.

Gezeigt hat sich ferner, daß der Wasserstoffspeicherpfad mit seinen elektrischen und elektrochemischen Energiewandlern und Energiespeichern – auch losgelöst von der Photovoltaik – wertvolle Erkenntnisse hinsichtlich der Wasserstofftechnologie und den damit verbundenen Sicherheitsaspekten liefert und keineswegs nur mit konventionellen Techniken zu bewältigen ist. Hier müssen weitere Erfahrungen gesammelt werden.

Auch das Hybridkonzept Wind-/Photovoltaik-Generator ist vielversprechend und wird weiter verfolgt, um belastbare standortabhängige Aussagen über die Erstellung solcher Anlagen unter autonomen Bedingungen zu erzielen. Viel flexibler lassen sich hybride Anlagen durch eine entsprechende Aufteilung der Leistungsgröße der beiden Generatoren zusätzlich zur Umwandlung der elektrischen Überschüsse in Elektrolyse-Wasserstoff, zum Beispiel für Heizzwecke oder Prozeßwärme, einsetzen (Kraft-Wärme-Kopplung). Zusätzlich wird dabei ein neuer Entwicklungsschritt zu vollziehen sein, indem der Generator der Windkraftanlage auf die Einspeisung der elektrischen Energie auf die Gleichstromschiene (Batterie, Elektrolyseur, Verbrauchernetz) eingestellt werden muß. Denn die Systemtechnik heutiger Windkraftanlagen ist auf Netzeinspeisung ausgelegt und für die Kopplung mit hybriden Systemen nur bedingt nutzbar.

Ebenfalls sollte der Energieverbrauch der Zentralbibliothek hinsichtlich der Möglichkeit von Einsparungen durch effizientere Gerätetechnik oder durch Verbrauchsvermeidung (Schaltautomaten) ohne Einbuße der Qualität untersucht werden. Durch die installierte Meßtechnik und die Möglichkeit der kontinuierlichen Beobachtung lassen sich hier die energetischen und gerätetechnischen Spareffekte und ihre Auswirkungen sehr genau registrieren. Für dieses Vorhaben sind aber längere Untersuchungszeiträume erforderlich.

Ist schon die optimale Auslegung der Einzelkomponenten hinsichtlich Energieeffizienz, Lebensdauer und Kosten eine Aufgabe, die bisher

Windenergie und Photovoltaik in Hybridtechnik?

noch nicht zufriedenstellend gelöst ist, so folgt aus dem Betrieb eines Energieversorgungssystems mit schwankendem Energieangebot und verbraucherbedingten Nachfrageänderungen zusätzlich die Notwendigkeit, das Gesamtsystem zu optimieren und zu vereinfachen. Denn Energieeffizienz und Betriebszuverlässigkeit sind hohe Ansprüche an den Anlagenbetrieb. Sie erfordern eine optimierte Betriebsführung, die sich auf eine gut durchdachte Regelungsstruktur mit einem flexiblen Energiemanagement stützen muß.

Um bei photovoltaischen Versorgungsanlagen eine breite Anwendung zu erreichen, müssen die Kosten wesentlich gesenkt sowie die Einsatzdauer und Betriebszuverlässigkeit erhöht werden. Neben den Photovoltaikmodulen und deren Gebäudeintegration werden die Gesamtkosten derartiger Anlagen annähernd zur Hälfte durch die Systemtechnik verursacht. Hinzu kommt, daß die systemtechnischen Komponenten den Anlagennutzungsgrad im wesentlichen bestimmen und derzeit die Hauptursache für betriebliche Ausfälle sind. Die Ergebnisse grundsätzlicher systemtechnischer Untersuchungen zur Energiewandlung und Energieaufbereitung sind daher geeignet, Wege für die Neugestaltung oder Verbesserung der Gerätetechnik zu setzen.

Das Anwendungspotential von autonomen photovoltaischen Versorgungssystemen ist derzeit in der Bundesrepublik Deutschland vergleichsweise gering, aber für den sich ausbildenden Photovoltaikmarkt von nicht unerheblicher Bedeutung. Derartige Anlagen können, ähnlich wie Photovoltaikfassaden, akzeptanzfördernde und markterschließende Aufgaben übernehmen. Mit standardisierten systemtechnischen Lösungen und Regelungsstrukturen lassen sich die Anlagenkosten weiter verringern. Dies wird die Exportchancen von Anlagen und Komponenten in Ländern mit geringer Netzversorgung erhöhen, wo sich Photovoltaikanlagen naturgemäß leichter etablieren werden.

Globale Umwelt- und Klimaverträglichkeit der Energiewandlungen und die ausreichende Energieversorgung für eine wachsende und eine zum Teil unterversorgte Bevölkerung der Erde als Voraussetzung für Wohlstand und Stabilität ist nicht ohne Nutzung der Sonnenenergie erreichbar. Die Erforschung der erneuerbaren Energien hat große Fortschritte gemacht, hat die Grundlagenforschung an vielen Stellen verlassen und braucht heute für die Fortentwicklung die Rückkopplung aus breiten Anwendungserfahrungen. Dabei werden die technisch fortgeschrittenen Industrieländer eine aktive gebende Rolle übernehmen müssen – nicht zuletzt aus der Verantwortung heraus, daß der Verbrauch der billigen und bequem handhabbaren fossilen Energieträger und die daraus resultierende Belastung der Atmosphäre ihren Wohlstand begründet und den kritischen Zustand der Umwelt verursacht haben. Es wird – insbesondere in den Industrieländern – erforderlich sein, den Energieeinsatz aus fossilen Quellen deutlich zu begrenzen, sie für kommende Generationen zu strecken und rationeller zu verwenden und rasch und in weit größerem Maße auch erneuerbare Energiequellen zu nutzen, wo immer sich hierfür die Voraussetzungen bieten.

Solares Bauen –
Technologien für die
Gebäude von morgen

Von Karsten Voss, Volker Wittwer und Joachim Luther

An zukünftige Bauten werden in hohem Maße Forderungen nach integrierten Konzepten zur Begrenzung des Energieverbrauchs gestellt. Gestalt, Baukonstruktion und Klimatechnik sind dabei – neben dem Verhalten der Gebäudenutzer – die maßgeblichen Einflußfaktoren. Durch gesteigerte Energieeffizienz läßt sich der gesamte Energieumsatz soweit reduzieren, daß die Solarenergie zur dominanten Energiequelle wird. Die Gebäudehülle übernimmt die Aufgabe, den Energiefluß zwischen Innen und Außen so zu beeinflussen, daß ein angenehmes Raumklima bei minimalem Energieverbrauch erreicht werden kann.

Die Bedeutung der Solarenergie innerhalb des Energiehaushalts von Gebäuden ist bereits heute beachtlich: Fenster als Bestandteil jeder Architektur sorgen für einen verminderten Kunstlichteinsatz und reduzieren den Raumwärmebedarf. Bedenken wir, daß wir mehr denn je den Großteil unserer Zeit in geschlossenen Räumen verbringen – sei es die Wohn- oder Arbeitsumgebung –, so besteht in der gezielten Ausrichtung und Transparenz der Gebäude zur Sonne hin gleichermaßen die Chance für mehr Lebensraumqualität wie für Energieeinsparung und Umweltentlastung.

Unter solchen planerischen Voraussetzungen ergeben sich zahlreiche Ansätze zur Integration von Komponenten einer solaren Energieversorgung in die Gebäudehülle und die Haustechnik. Angefangen mit den sogenannten passiven Systemen – zum Beispiel Fenster, Atrien und transparente Wärmedämmung – über den Einsatz von Kollektoren zur solaren Wärme- oder Kälteerzeugung bis hin zur solaren Stromversorgung über die Photovoltaik reicht die Palette der Möglichkeiten. Daß eine solchermaßen genutzte Gebäudehülle eine hohe technische und architektonische Qualität aufweisen kann, haben unter anderem realisierte Objekte der jüngsten Vergangenheit bewiesen.

Weiterentwickelte und neue Komponenten und Systemkonzepte führen zusammen mit verbesserten Planungs- und Auslegungswerkzeugen zu Gebäuden, deren Raumklima nur noch geringfügig durch eine zunehmend einfache Anlagentechnik flankiert wird. Gerade darin liegt die Chance für die Wirtschaftlichkeit der neuen Ansätze. Investitionen in die Gebäudehülle vermindern solche in Anlagentechnik und reduzieren die Betriebskosten.

Neue Komponenten – Fenster und Verglasungen

Fenster vermitteln zwischen innen und außen. Gleichzeitig sind sie die Teile der Gebäudehülle mit dem höchsten Energietransfer in beide Richtungen: Ihre winterlichen Wärmeverluste sind meist höher als die der sie umgebenden Wände. Andererseits lassen sie Sonnenenergie sommers wie winters in das Gebäude. Was sich im Winter günstig auf den Heizwärmebedarf auswirkt, kann im Sommer bei unzureichendem Sonnenschutz zur Last werden. Der in der Vergangenheit vollzogene Schritt von der Einfachverglasung zur Isolierglastechnik – Zweischeibenverglasung mit Luft im Scheibenzwischenraum – wird heute bei Neubauten und Sanierungsmaßnahmen durch den Einsatz von Wärmeschutzverglasungen fortgesetzt. Eine wärmereflektierende Glasbeschichtung und Edelgase wie Argon im Scheibenzwischenraum reduzieren die Wärmeverluste nochmals auf die Hälfte. Durch industrielle Massenproduktion sind die Mehrkosten gering. In Verglasungen steckt aber noch das Potential zu mehr.

Im Hinblick auf die winterliche Energiebilanz einer Verglasung ist einerseits ein niedriger Wärmeverlust, das heißt ein niedriger Wärmedurchgangskoeffizient oder k-Wert, und andererseits eine hohe Transparenz für die Solarstrahlung, also ein hoher Gesamtenergiedurchlaßgrad oder g-Wert, anzustreben. Ausgehend von der Isolierglastechnik gibt es unterschiedliche Lösungsansätze, die einzeln oder in Kombination angewendet werden. Hierzu zählen wärmereflektierende Beschichtungen der Gläser, wärmereflektierende Folien oder Edelgase wie Argon, Krypton und Xenon im Scheibenzwischenraum, Vakuumverglasungen mit evakuiertem Scheibenzwischenraum sowie transparente Wärmedämmaterialien (TWD) zwischen Glas.

Vor allem durch Fortschritte in der Beschichtungstechnik gibt es heute Verglasungen, die die zunehmend hohen Anforderungen an den baulichen Wärmeschutz und den thermischen Komfort erfüllen. Vakuumverglasungen führen zu optimalen Ergebnissen hinsichtlich Wärmeschutz und Transparenz, sind aber heute erst als Labormuster verfügbar.

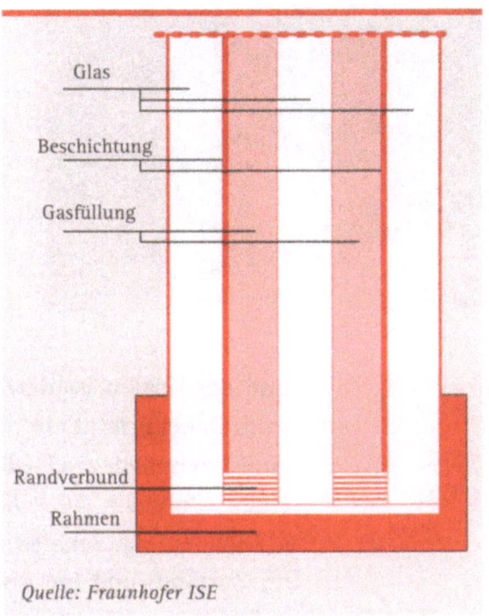

Quelle: Fraunhofer ISE

Schnitt durch eine hocheffiziente Dreifachverglasung

Die Beschichtungen sind meist auf eine hohe Lichtdurchlässigkeit abgestimmt. Betrachtet man das gesamte Solarspektrum inklusive der nicht sichtbaren Anteile – das sind nahezu 50 Prozent –, sind die Transmissionsgrade geringer. Kommt es auf die klare Durchsicht nicht an – Dachverglasungen, Oberlichter, transparente Wandwärmedämmung –, ergeben sich günstigere Werte für die Transmission der gesamten Solarenergie bei der Verwendung transparenter Wärmedämmaterialien im Scheibenzwischenraum. Dabei handelt sich um offenzellige Strukturen aus transparenten Kunststoffen oder Glas, die den konvektiven Wärmetransport unterdrücken und Wärmestrahlung absorbieren.

Mit Rücksicht auf das sommerliche Temperaturverhalten und die Tageslichtverhältnisse in Gebäuden ist das Schalten der Transparenz von großer Wichtigkeit. Neben den bekannten statischen und beweglichen Sonnenschutzsystemen wie Rollos oder Jalousien gibt es in der Forschung neue Ansätze in Form von sogenannten optischen Schaltern, sogenannte „smart windows". Sie zeichnen sich dadurch aus, daß sie

ohne bewegte Teile auskommen und die Schaltwirkung bereits in die Verglasung integriert ist. Je nach physikalischem Prinzip wird unterschieden in: thermotrope (Eintrübung durch Temperaturänderung), thermochrome (Einfärbung durch Temperaturänderung), elektrochrome (Einfärbung durch elektrischen Strom) oder photochrome Systeme (Einfärbung unter Lichteinfluß). Aus der Sicht der baldigen Realisierbarkeit und der Kosten ist derzeit vor allem das thermotrope Schalten interessant. Dabei erfolgt ein passives Schalten in Abhängigkeit der Temperatur einer zwischen zwei Gläsern eingebrachten Mischung aus Wasser und einem Polymer. Die Dicke einer solchen Schicht beträgt nur etwa 1 Millimeter. Die Schaltwirkung beruht auf der reversiblen Mischung (klarer Zustand) und Entmischung (streuende Reflexion) der beiden Komponenten. Im geschalteten Zustand erscheint die Verglasung ähnlich einem Milchglas mit geringer Transparenz, während ungeschaltet nahezu kein Unterschied zu einer Normalverglasung erkennbar ist.

Die Fortschritte bei den Verglasungen rücken die aus energetischer Sicht mangelhafte Qualität des Glasrandverbunds und der Rahmen in den Vordergrund. Die Eigenschaften von Fenstern werden zunehmend von diesen Komponenten bestimmt. Aktuelle Entwicklungsarbeiten konzentrieren sich auf Systeme mit verbesserter Wärmedämmung. Erste Hersteller bieten bereits Fenster mit thermisch verbessertem Glasrandverbund, zum Beispiel aus Edelstahl oder Kunststoff, und wärmegedämmten Fensterrahmen an.

Neue Komponenten – Tageslichtsysteme

Energieeinsparung und visueller Komfort sind die Argumente für eine qualitativ und quantitativ verbesserte Nutzung des Tageslichts zur Belichtung von Räumen. Gutes Tageslicht am Bildschirmarbeitsplatz senkt erwiesenermaßen die Fehlerhäufigkeit. Neben Maßnahmen am Baukörper, etwa Fassadengliederung oder Lichthöfe, werden die Lichtverhältnisse vor allem durch die Gestaltung der Gebäudehülle bestimmt. In einem

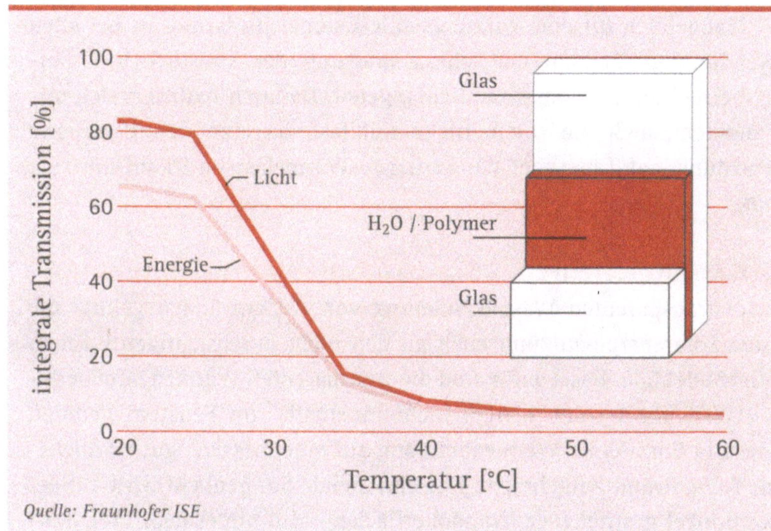

Quelle: Fraunhofer ISE

Temperaturgesteuertes Schalten der Transmission (Licht beziehungsweise gesamte Solarenergie) und schematischer Aufbau einer thermotropen Verglasung

Raum mit einem Seitenfenster liegt meist eine ungleichförmige Lichtverteilung vor, die Beleuchtungstärke fällt zum Rauminneren ab. Durch gezielte Lichtumlenkung kann eine erhöhte Gleichförmigkeit der Beleuchtungsstärke erreicht und Blendung weitgehend vermieden werden. Eine ganze Palette von Möglichkeiten steht dabei zur Verfügung. Beispiele hierfür sind *nachgeführte Systeme* wie *Großlamellen*, *Hologramme* und *Heliostaten* oder *statische Systeme* wie *Lichtschwerte* („light-shelves") – zum Beispiel als reflektierende, auskragende Bauteile – und *winkelselektive Verglasungen*, zum Beispiel Lamellen, Spiegelprofile, Prismen, Lichtraster Laserschnitt-Paneele, TWD-Strukturen, orientierte Mikrostrukturen und Hologramme.

Besonders auf dem Gebiet der winkelselektiven Verglasungen sind weitere Fortschritte zu erwarten. Sie profitieren wie alle statischen Systeme von dem Verzicht auf anfällige bewegte Teile. Zur optischen Charakterisierung solcher Komponenten werden derzeit – da ihr Transmissionsverhalten für das Sonnenlicht nicht rotationssymmetrisch ist – neue Meß- und Rechenverfahren entwickelt (zweidimensionale Licht- und Energietransmission) und in Normen eingebracht.

Maßgeblich für eine wirkungsvolle Energieeinsparung ist bei allen Anwendungen eine automatische Anpassung der künstlichen Ergänzungsbeleuchtung an das Tageslichtangebot. Dadurch reduziert sich unter anderem auch die sommerliche Kühllast, da eine richtig dosierte Beleuchtung mit Tageslicht die geringste Wärmelast im Raum mit sich bringt.

Neue Komponenten – Transparente Wärmedämmung

Mit der transparenten Wärmedämmung von Außenwänden gelingt die passive Solarenergienutzung auch an den nicht durchsichtigen Flächen der Gebäudehülle. Basis dafür sind die transparenten Wärmedämmmaterialien (TWD). Sie werden hierbei nicht innerhalb von Fenstern genutzt, sondern in Form einer Wärmedämmung auf eine massive, gut wärmeleitende Außenwand aufgebracht. Das einfallende Sonnenlicht wird auf der zuvor dunkel gestrichenen Wandoberfläche – also hinter dem TWD-Material – absorbiert. Die entstehende Wärme wird in Abhängigkeit von Wandbaustoff und Wanddicke zeitlich verschoben und in der Amplitude gedämpft an den dahinterliegenden Raum abgegeben. Vorteilhaft sind das einfache, weil passive Wirkungsprinzip und der gesteigerte thermische Komfort durch die erwärmten Außenwände. Der solarthermische Wirkungsgrad solcher Systeme liegt bei 25 bis 50 Prozent. Demnach kann bis zur Hälfte der eingestrahlten Sonnenenergie zur Kompensation von Wärmeverlusten der Wand und zur Gebäudeheizung genutzt werden.

Aufbau der transparenten Wärmedämmung als Glasfassade (links) und als transparentes Wärmedämmverbundsystem (rechts)

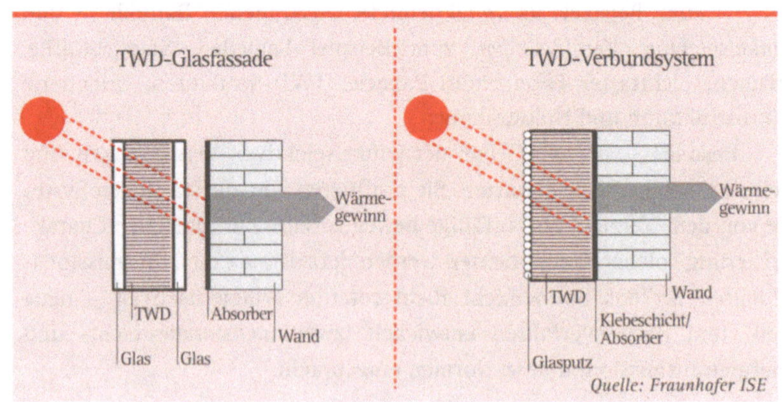

Wirtschaftlich interessant ist derzeit vor allem das transparente Wärmedämmverbundsystem. Hierbei wird das Dämmaterial auf dem Untergrund verklebt und mit einem transparenten Putz aus Glasperlen abgedeckt. Die Kosten liegen dann bei etwa 450 DM pro Quadratmeter Fassadenfläche für ein System, das sowohl Wärme dämmt als auch Sonnenenergie passiv nutzbar macht. Transparente Wärmedämmung in der Bauweise einer Glasfassade ist die teurere, aber auch energetisch leitungsfähigere Variante. Konstruktiv und preislich kann sie wesentlich von dem künftig zu erwartenden Einsatz von thermotropen Deckverglasungen zur Transmissionsschaltung profitieren.

Foto (2): Fraunhofer ISE

Innovative Systemkonzepte – Thermische Solarenergienutzung

In Schweden und Dänemark haben Nahwärmenetze mit einem zentralen Heizwerk eine lange Tradition. Hier entstanden bereits 1982 die ersten Demonstrationsprojekte mit Einbindung großer Kollektorfelder (2000 bis 5000 Quadratmeter) und Speicher (2000 bis 350 000 Kubikmeter) zur ganzjährigen solaren Wärmeerzeugung. Die Übertragung der Erfahrungen auf die Verhältnisse in Mitteleuropa hat in den vergangenen Jahren begonnen und zu ersten Pilotanlagen mit bis zu 1000 Quadratmeter großen Kollektorflächen geführt. Dabei wurden zumeist große Flachkollektormodule von jeweils 10 bis 12 Quadratmeter zur Vermeidung zusätzlichen Flächenbedarfs auf die Dachflächen einzelner Gebäude verteilt. Aktuelle Weiterentwicklungen einiger Hersteller zielen auf Fertigteildächer mit integrierten Kollektoren, um die architektonische Einbindung und die Wirtschaftlichkeit zu verbessern.

Mit Wärmegestehungskosten von etwa 10 bis 30 Pfennig pro Kilowattstunde ist die Solarenergienutzung in Nahwärmenetzen preisgünsti-

Solare Nahwärmeversorgung in Schweden

ger als die dezentrale solare Brauchwasserbereitung mit Kleinsystemen, die etwa 30 bis 50 Pfennig pro Kilowattstunde kostet. Im Falle von Wohngebieten mit Niedrigenergiehäusern können so 50 bis 70 Prozent des Wärmebedarfs zu vertretbaren Kosten gedeckt werden.

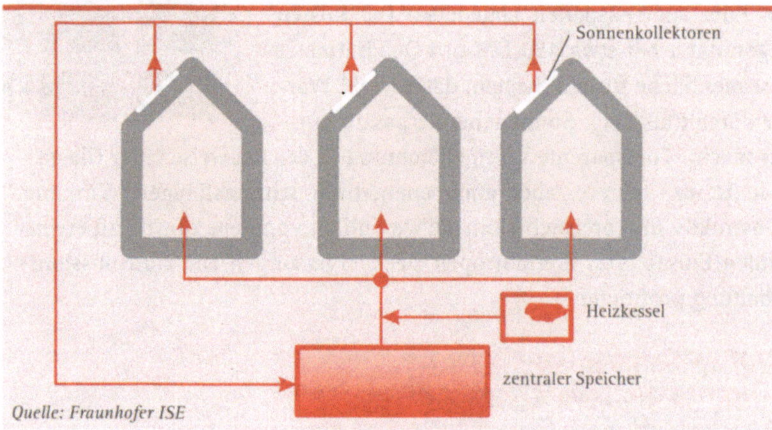

Prinzip einer solaren Nahwärmeversorgung

Wegen der zeitlichen Übereinstimmung von Energieangebot und Energienachfrage ist die Nutzung der Solarenergie zur aktiven Klimatisierung von Gebäuden besonders vorteilhaft. Dies gilt schwerpunktmäßig für die Länder Südeuropas. Neben den bekannten Verfahren auf der Basis von Sorptionskältemaschinen – zum Beispiel Absorptionskältemaschinen – werden heute auch offene Systeme auf der Basis von Trocknungskühlung der Gebäudezuluft untersucht, sogenannte „Desiccant Cooling Systems" (DCS). Dies ist vor allem bei solchen Anwendungen sinnvoll, bei denen schon aus Gründen der Lufthygiene hohe Luftwechselraten erforderlich sind, zum Beispiel in Vortrags- und Verkaufsräumen oder in Ausstellungshallen. Antriebsenergie für die Kälteerzeugung ist die thermische Energie aus Sonnenkollektoren. Sie wird eingesetzt, um die in großvolumigen Trocknungsrädern aufgenommene Feuchte der Außenluft wieder auszutreiben beziehungsweise zu regenerieren.

Vorteilhaft für die Einspeisung von Solarwärme ist ein möglichst niedriges Temperaturniveau. Ein „Desiccant Cooling System" nutzt bereits Wärme ab einem Temperaturniveau von 60 Grad Celsius für den

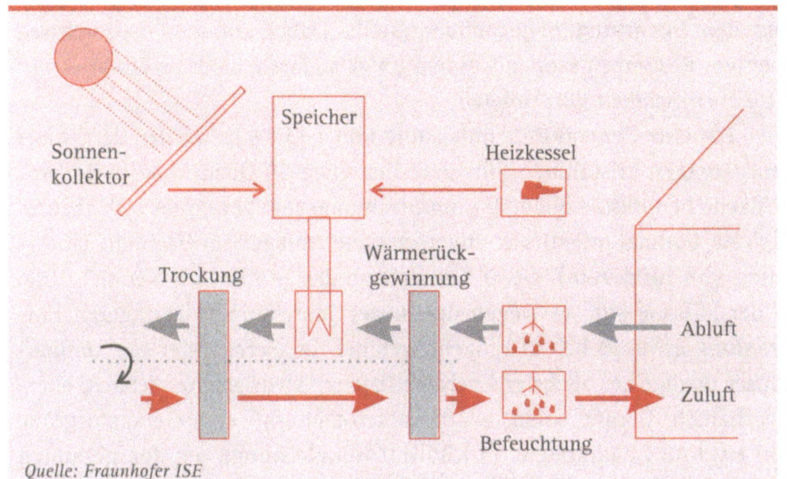

Quelle: Fraunhofer ISE

Trocknungsprozeß und verzichtet dabei vollständig auf den Einsatz von chlorierten Fluorkohlenwasserstoffen (FCKW). „Desiccant Cooling Anlagen", die ihren Wärmebedarf über fossile Brennstoffe decken, sind Stand der Technik und insbesondere auf dem nordamerikanischen Markt weit verbreitet. Erste solarunterstützte Systeme befinden sich im Aufbau. Die dazu erforderlichen Kollektorfelder können ganzjährig zur Wärmeerzeugung eingesetzt werden.

Innovative Systemkonzepte – Photovoltaik

Gebäudeintegrierte Photovoltaik zur solaren Stromerzeugung ist heute Stand der Technik. Wegen der Schwankung des Strahlungsangebotes werden die Anlagen über Wechselrichter im Netzverbund betrieben. Eine Ausnahme bilden Anlagen zur Stromversorgung von „Inselhäusern". Sie besitzen eigene Batteriespeicher. Netzgekoppelte Photovoltaikanlagen wurden in Deutschland im Rahmen des sogenannten 1000-Dächer-Programms in großer Zahl als Breitentest realisiert. Ingesamt wurden etwa 2000 Anlagen bis Ende 1995 mit einer durchschnittlichen Nennleistung von 2,6 Kilowatt installiert. Im Rahmen einer umfangreichen wissenschaftlichen Begleitforschung werden die Ergebnisse erfaßt, analysiert und den Erwartungen gegenübergestellt. Dabei konnte ein durchweg positives Resümee gezogen werden, unter anderem auch im Hinblick auf die Zuverlässigkeit der Anlagen.

Für eine Generator-Nennleistung von 1 Kilowatt werden derzeit bei den gängigen kristallinen Siliziumzellen etwa 10 Quadratmeter Generatorfläche benötigt. Abhängig vom Strahlungsangebot ergibt sich theoretisch für optimal orientierte, unverschattete Anlagen im Dach ein Jahresertrag von rund 700 bis 950 Kilowattstunden je Kilowatt Nennleistung. In der Fassade sind es wegen der in der Jahressumme geringeren Einstrahlung etwa 20 bis 30 Prozent weniger. Im Bereich der Einfamilienhäuser genügt bei höchster Energieeffizienz (Niedrigstenergiehaus, energieeffiziente Geräte, solare Warmwasserbereitung) eine Generatorgröße von etwa 30 Quadratmeter (3 Kilowatt Nennleistung), um den gesamten Energiebezug des Gebäudes in der jährlichen Primärenergiebilanz auszugleichen. Das Stromnetz übernimmt dabei die Rolle des Energiespeichers („Null-Energiehaus").

Im Unterschied zu früheren Installationen steht heute die konstruktive und architektonische Integration der Module in die Gebäudehülle im Vordergrund. Dies trifft insbesondere auf repräsentative Verwaltungs- und Industriebauten zu. Der Markt bietet dazu zahlreiche Lösungen an: variable Modulgrößen und Modulformen, opake und semitransparente Module, flexible Module, farbige Zellen und Module, Photovoltaik im Funktionsisolierglas, in Zu- und Abluftfassaden, in Verschattungselemente oder als Dachziegel.

Konzeption, Simulation, Analyse

Die aus energetischer Sicht verbesserten Eigenschaften der Gebäudehülle vermindern den Bedarf an flankierenden „künstlichen" Energieströmen. Gebäude werden zunehmend „passiv" temperiert und belichtet. Entscheidend für den Erfolg ist der frühzeitige Dialog der Planungsteams für Architektur und Energie im Sinne einer integralen Planung.

Der gezielte Einsatz von computergestützten Planungswerkzeugen stellt bereits im frühen Planungsstadium hochdetaillierte Informationen zur Verfügung. Entscheidend ist dabei nicht nur die Berechnung singulärer Zahlenwerte, wie zum Beispiel der Heiz- oder Kühlenergiebedarf, sondern vor allem die Analyse der Ergebnisse von Parameterstudien oder der Vergleich von Varianten. Auf diese Weise gelangt man auch beim Einsatz neuer Komponenten und Systemkonzepte zu hinreichend genauen Kenntnissen über deren Auswirkung auf den Energiebedarf und den Raumkomfort.

Während Fragestellungen des thermischen Energiehaushalts weitgehend durch dynamische Simulation im Zeitschritt von Stunden oder weniger bearbeitet werden, ist die Simulation von Beleuchtungsverhältnissen wegen des erhöhten Rechenaufwands derzeit auf ausgewählte Momentaufnahmen (Strahlverfolgung oder „Raytracing") beschränkt, allerdings bis hin zu photorealistischen Bildern oder Animationen. Hierbei geht es vor allem um die Frage der Beleuchtungsqualität. Zur Beurteilung der Energieeinsparung durch verbesserte Tageslichtnutzung können solche Momentaufnahmen zu quasidynamischen Jahressimulationen zusammengefaßt und mit Kühllastberechnungen verknüpft werden. Die Erfahrungen der bisher ausgeführten Projekte zeigen, daß wirtschaftlich günstige Ergebnisse vor allem dann möglich sind, wenn Solarsysteme nicht additiv, sondern als integraler Bestandteil des Gebäudes und der Haustechnik auftreten. So bewirkt beispielsweise eine verbesserte Tageslichtnutzung durch Fenster mit Lichtumlenkung in Verbindung mit einer automatischen Kunstlichtregelung eine hohe Energieeinsparung.

Foto: Fraunhofer ISE

Fazit

Die vorgestellten Konzepte zeigen Wege, wie hohe Lebensraumqualität mit geringem Ressourcenverbrauch erreicht werden kann. Für den Erfolg dieser Strategie ist entscheidend, daß solchermaßen geplante und realisierte Objekte dazu beitragen, das Wissen weiter zu vertiefen. Daher ist die Beschäftigung mit der alltäglichen Realität der fertiggestellten Bauten ein wichtiger Baustein. Vernachlässigen wir dies, bleiben aufwendige technische Anlagen zur Korrektur fehlerhafter Gebäudekonzepte auch Realität für die Gebäude von morgen.

Solarkonzepte beschränken sich aber nicht nur auf Neubauten. Auch bei der heute so dringend notwendigen baulichen und energetischen Sanierung des Gebäudebestands können Solarsysteme ihren Beitrag leisten. Beispiele dafür sind Kollektordächer zur Warmwasserbereitung bei gleichzeitig dauerhafter Sanierung von schadhaften Flachdachkonstruktionen, Verglasung von Balkonen zur Verbesserung der Wohnqualität und Energieeinsparung bei gleichzeitiger Verminderung von Schäden durch Wärmebrücken oder die transparente Wärmedämmung von Außenwänden.

Das Stromeinspeisungsgesetz – Rückgrat der regenerativen Energiequellen

Ein Greenpeace-Plädoyer für den Erhalt und die Erweiterung des Einspeisungsgesetzes

Von Sven Teske

Ein ständig wachsender Energieverbrauch, steigende Kohlendioxidemissionen und eine weitgehend auf fossile und nukleare Energieträger gestützte Energieversorgung tragen in erheblichem Maße zur Zerstörung der natürlichen Lebensgrundlagen bei. Der Deutsche Bundestag stellte am 20. Juni 1990 fest, daß „die Bedrohung der Umwelt und des Weltklimas es notwendig machten, die Entwicklung, Erprobung und Anwendung von umweltfreundlichen Energietechnologien, die Nutzung erneuerbarer Energien und die Energieeinsparung ... voranzutreiben." Daher müsse es zu einer sofortigen und deutlichen Verbesserung der Einspeisevergütung für Strom aus erneuerbaren Energien kommen. Nur sechs Monate später trat das Stromeinspeisungsgesetz in Kraft. Dies verpflichtet die Energieversorgungsunternehmen zur Abnahme und Vergütung von Strom aus erneuerbaren Energiequellen. In den vergangenen 5 Jahren hat dieses Gesetz allein in der Windenergienutzung zahlreiche Arbeitsplätze geschaffen. Die großen Energieversorger torpedieren dieses Gesetz. Der Sprecher der Vereinigung Deutscher Elektrizitätswerke (VDEW) Joachim Grawe forderte gar dessen Abschaffung. Greenpeace ist dagegen überzeugt, daß das Einspeisungsgesetz nicht nur erhalten, sondern auch erweitert werden muß. Das Einspeisungsgesetz ist das Rückgrat beim Aufbau einer regenerativen Energieversorgung.

Gesetzliche Grundlagen des Stromeinspeisungsgesetzes

Das Stromeinspeisungsgesetz wurde am 7. Dezember 1990 verabschiedet und trat am 1. Januar 1991 in Kraft. Es regelt die Abnahme und Vergütung von Strom, der aus regenerativen Energiequellen erzeugt wird. Die Energieversorgungsunternehmen sind demnach verpflichtet, den in ihrem Versorgungsgebiet erzeugten Strom aus erneuerbaren Energien abzunehmen und den Strom nach einem gesetzlich festgelegten Mindestbetrag zu vergüten. Von diesem Gesetz betroffen ist die Stromerzeugung aus Photovoltaikanlagen, Windkraft, Wasserkraft, Deponie- und Klärgas sowie mit Biomasse betriebene Generatoren bis zu einer Leistung von 5 Megawatt. Paragraph 3 des Stromeinspeisungsgesetzes schreibt die Höhe der gesetzlichen Mindestvergütung vor. Strom aus Wasserkraft, Biomasse, Deponie- und Klärgas, bis zu einer installierten Leistung von 500 Kilowatt, wird demnach mit 80 Prozent des vom Energieversorgungsunternehmen durchschnittlich erzielten Strompreises vergütet. Die Vergütung lag 1995 bei 15,36 Pfennig pro Kilowattstunde. Für Strom aus Photovoltaik- und Windkraftanlagen wurden 1995 17,28 Pfennig pro Kilowattstunde bezahlt, dies entspricht 90 Prozent des durchschnittlichen Stromerlöses.

Mehr als 10 000 Arbeitsplätze durch das Stromeinspeisungsgesetz

Nach Inkrafttreten des Stromeinspeisungsgesetzes boomte vor allem die Windkraft. In Kombination mit Investitionszuschüssen ist ein wirtschaftlicher Betrieb von Windkraftanlagen an günstigen Standorten, vor allem an der Küste, möglich. Kleine und mittelständische Betriebe stiegen in die Produktion von Windkraftanlagen ein. Die installierte Leistung stieg von 70 Megawatt 1990 auf 1100 Megawatt 1996. In bezug auf die gesamte installierte Leistung wurde Deutschland die Nummer eins in Europa und liegt weltweit, hinter den USA, an zweiter Stelle. Die Technologie machte einen Quantensprung. Die Anlagen wurden immer weiter optimiert, die Energieerträge immer höher. Während die Windenergie 1996 bundesweit nur einen Anteil von 0,56 Prozent an der Gesamtstromerzeugung hat, liegt der Anteil bei küstennahen Elektrizitätsversorgungsunternehmen wie der Schleswag schon bei 7,8 Prozent. Regenerative Energiequellen können also durchaus bei einer umweltorientierten Gesetzgebung schon nach wenigen Jahren einen signifikanten Beitrag zur Energieversorgung leisten. Außerdem entstanden nach nur 5 Jahren allein in der Windenergiebranche über 5000 Arbeitsplätze, dazu kommen noch einmal 5000 Arbeitsplätze in den Zuliefererbetrieben. Auch beim Aufbau dezentraler mit Biogas beziehungsweise Biomasse betriebener Heizkraftwerke konnten achtbare Erfolge erzielt werden. Ausgereifte und alltagstaugliche Generatoren, welche sowohl Strom als auch Wärme erzeugen, tragen vielerorts zur Verringerung der Kohlendioxidemissionen bei. Auch hier blockieren die Energieversorger massiv einen Ausbau dezentraler Kraft-Wärme-

Kopplungsanlagen, indem sie eine günstigere Einspeisevergütung für diese Anlagen
strikt ablehnen. Die bestehende Verbänderegelung reicht hierfür bei weitem nicht aus.
Eine Aufnahme der Stromvergütung für
Kraft-Wärme-Kopplungsanlagen in das Einspeisungsgesetz ist daher dringend erforderlich. Darüber hinaus muß eine Ausweitung
des Stromeinspeisungsgesetzes in bezug auf
eine Erhöhung der Einspeisevergütung für
Strom aus Photovoltaik- und Windkraftanlagen im Binnenland angestrebt werden. So
könnten auch diese Zukunftstechnologien
wirtschaftlich betrieben werden. Analog zur
Windenergie könnten im Photovoltaikbereich mehrere tausend Arbeitsplätze entstehen. Das Einspeisungsgesetz bietet die Möglichkeit, den Klimaschutz mit der Schaffung
zahlreicher neuer zukunftsorientierter Arbeitsplätze zu verbinden.

Energieversorger begehen vorsätzlichen Rechtsbruch

Seit Jahren versuchen die Energieversorgungsunternehmen das Stromeinspeisungsgesetz zu unterlaufen. Statt der vorgeschriebenen Mindestvergütung wollen sie nur die
sogenannten vermiedenen Kosten, also
Brennstoffkosten zahlen. Das heißt, pro Kilowattstunde würden nicht mehr 15,36 beziehungsweise 17,28 Pfennig bezahlt, sondern nur noch 5 bis 6 Pfennig. Ein wirtschaftlicher Betrieb von Windkraft- oder
bestehenden Wasserkraftanlagen ist damit

Windpark Nordfriesland
Foto: B. Nimtsch, Greenpeace

jedoch nicht möglich. Das Badenwerk weigerte sich im April und Mai 1995 sogar,
dem Betreiber einer Wasserkraftanlage die
gesetzlich vorgeschriebene Vergütung zu
zahlen und beging damit vorsätzlichen
Rechtsbruch. Hintergrund des Gesetzesbruches: Energieversorger wollen eine Klage
des Anlagenbetreibers erzwingen. Per einstweiliger Verfügung und unter Verhängung
eines Bußgeldes in Höhe von 20 000 DM
verpflichtete das bayrische Wirtschaftsministerium die Badenwerke, die Zahlungen unverzüglich wieder aufzunehmen.

Ist das Stromeinspeisungsgesetz verfassungswidrig?

Nein. Ein Rechtsgutachten von Prof. Dr. Rupert Scholz vom Mai 1995 kam zu diesem
eindeutigen Ergebnis. Auch ein zweites
Gutachten von Dr. Stefan Studenroth von
der Georg-August-Universität Göttingen
stellt fest, daß „das Einspeisungsgesetz eine

verfassungsrechtlich zulässige Preisregulierung darstellt." Die Vereinigung Deutscher Elektrizitätswerke ist trotzdem der Meinung, daß die Finanzierungsmodelle von Kohlepfennig und Einspeisungsgesetz miteinander vergleichbar sind. Demnach wäre das Einspeisungsgesetz genau wie der Kohlepfennig verfassungswidrig. Eine Klage des Badenwerkes vor dem Bundesverfassungsgericht in Karlsruhe wurde am 9. Januar 1996 erst einmal zurückgewiesen. Eine endgültige Entscheidung steht jedoch noch aus. Prof. Scholz belegt in einem Gutachten eindeutig, daß die Behauptung der Elektrizitätsversorgungsunternehmen, das Einspeisungsgesetz verstoße gegen Artikel 12 oder 14 des Grundgesetzes, falsch ist. Es besteht demnach nicht die Gefahr, daß die Energieversorger im Rahmen der Strompreisbildung über Gebühr belastet werden. Die Gewinnerzielung wird nicht in unzumutbarerweise verringert, da die Kosten für die öffentliche Stromversorgung durch die Regelung nur um etwa 0,1 Prozent steigen. Das Einspeisungsgesetz ist somit auch kein Eingriff in den eingerichteten und ausgeübten Gewerbebetrieb. Er kommt weiterhin zu dem Schluß, daß die „Kohlepfennigentscheidung" in keiner Weise Einfluß auf die rechtliche Bewertung der Einspeisevergütungsregelung habe. Während der Kohlepfennig eine Sonderabgabe zur Subventionierung einer klimaschädlichen fossilen Energieversorgung darstellt, handelt es sich bei der Einspeisevergütung lediglich um eine Mindestpreisfestsetzung. Das Einspeisungsgesetz beinhaltet an keiner Stelle eine Sonderabgabe aus der öffentlichen Hand und ist somit auch keine Subventionierung. Mit den fortwährenden Angriffen auf das Stromeinspeisungsgesetz beweisen die Energieversorgungsunternehmen eindeutig, daß sie an einem ökologischen Umbau der Energieversorgung überhaupt nicht interessiert sind. Im Gegenteil. Sie lassen nichts unversucht, die Entwicklung der regenerativen Energien im Keim zu ersticken. Die Auswirkung dieser Attacken hat die Windenergiebranche bereits zu spüren bekommen. Investoren wurden verunsichert, Aufträge storniert oder auf Eis gelegt. Einige Windkraftanlagenhersteller mußten sogar Leute entlassen.

Stellt das Einspeisungsgesetz eine unzulässige finanzielle Belastung dar?

Während einer nichtöffentlichen Anhörung des Bundestag-Wirtschaftsausschusses setzte der Vorstandschef der PreussenElektra, Hans Dieter Harig, erneut zum Schlag gegen das Einspeisungsgesetz an. Die PreussenElektra behauptete, daß durch das Einspeisungsgesetz den deutschen Energieversorgern im Jahre 1995 Mehrkosten von mindestens 135 Millionen DM entstanden seien. Insgesamt hätten sie Strom aus erneuerbaren Energiequellen für 350 Millionen DM abnehmen müssen. Die angegebenen Mehrkosten sind bei näherer Betrachtung jedoch völlig unhaltbar und maßlos übertrieben. Die Energieversorger gehen bei ihrer Rechnung allein von den vermiedenen Brennstoffkosten aus, alle anderen Parameter werden einfach weggelassen. Aber nicht nur aus energiewirtschaftlicher Sicht ist dies eine „Milchmädchenrechnung". Die Entlastung der Umwelt, Vermeidung von Atommüll und der Beitrag zum Klimaschutz wird, soweit dies überhaupt in Zahlen zu fassen ist, komplett ausgeklammert. Im Bericht der Enquete-Kommission wurden die Gestehungskosten für die nukleare Stromerzeugung analysiert. Während die Vereinigung Deutscher Elektrizitätswerke die Gestehungskosten pro Kilowattstunde Atomstrom mit 7 bis 10 Pfennig angibt, ergeben kritische Analysen, welche von höheren Entsorgungskosten und von Atomkraftwerk-Laufzeiten deutlich weniger als 40 Jahren ausgehen, Stromgestehungskosten von 11,0 bis 17,4 Pfennig pro Kilowattstunde. Auf einem Kolloquium der Bayernwerke/VIAG in München wurden die Gestehungskosten für Atomstrom mit 12,5 Pfennig pro Kilowattstunde angegeben.

Ungerechte Lastenverteilung?

Um regional unterschiedliche finanzielle Belastungen, beispielsweise bei windgünstigen Standorten, auszugleichen und Härten aufzufangen, sollten die Kosten gleichmä-

Wind- / Solarkraftwerk Pellworm
Foto: E. Weckmann, Greenpeace

ßig auf *alle* Stromkunden und *alle* Energieversorger im ganzen Bundesgebiet gerecht verteilt werden. Einen Lastenausgleich müssen die Energieversorger über das Verbundnetz untereinander regeln. Konkret heißt dies, das eventuell entstehende Mehrkosten auf alle Tarif- und Sondertarifkunden umgelegt werden müssen. Klimaschutz kommt schließlich auch jedem Menschen zugute. Eine Strompreiserhöhung durch die Einspeisevergütungen ist nicht nur tragbar, sondern sogar wünschenswert. Der in den letzten Jahren real sinkende Strompreis ist energie- und umweltpolitisch das falsche Signal. Nur wenn Energie die realen Kosten enthält, also auch die Umweltfolgekosten, wird ein Anreiz gegeben, mit der Energie möglichst effizient umzugehen und Einsparmaßnahmen einzuleiten. Die Stromkosten buchstäblich um jeden Preis zu halten oder gar zu senken, kann nur auf Kosten der Umwelt gehen. Die Bestrebungen der

Energieversorger, die sogenannten Mehrkosten durch die öffentliche Hand finanzieren zu wollen, ist aufgrund chronisch leerer Haushaltskassen absurd. Außerdem würde dann eine Sonderabgabenregelung analog zum Kohlepfennig entstehen. Die regenerativen Energiequellen kämen so nie über den Status eines ökologischen Feigenblättchens hinaus. Die Energieversorger schrecken zur Durchsetzung ihrer Geschäftsinteressen nicht davor zurück, Gesetze des Bundestages vorsätzlich zu brechen, wie es das Badenwerk im oben genannten Fall tat. Sie lassen zudem mit Hilfe von Polizei und Bundesgrenzschutz eine verfehlte Atom-Energiepolitik durchsetzen. Die Elektrizitätsversorgungsunternehmen weigern sich jedoch, verbindliche Verpflichtungen zum Klimaschutz einzugehen. Auch hier lautet ihre Devise: alles nehmen – nichts geben.

Fazit

Das Stromeinspeisungsgesetz findet auch international große Beachtung und wird allgemein als eine hervorragende Möglichkeit zur Markteinführung von regenerativen Energiequellen gesehen. Es mobilisiert privates Kapital und belastet nicht die chronisch leeren Haushaltskassen. Greenpeace setzt sich für den Erhalt und die Erweiterung des Stromeinspeisungsgesetzes ein. Im Rahmen der Energiekonsensgespräche schlug Greenpeace bereits 1993 vor, Strom aus Kraft-Wärme-Kopplungsanlagen bis zu einer Leistung von 1 Megawatt mit 75 Prozent des vom Energieversorgungsunternehmen durchschnittlich erzielten Strompreises zu vergüten. Eine Erhöhung der Einspeisevergütung für Windkraftanlagen im Binnenland und die Aufnahme einer kostendeckenden Einspeisevergütung für Photovoltaikanlagen sind dringend erforderlich, um mit der Einführung von regenerativen Energiequellen Klimaschutz zu betreiben. Das technische Potential der regenerativen Energiequellen in Kombination mit Energieeinsparungsmaßnahmen erlaubt es, in wenigen Jahren einen signifikaten Beitrag zur Energieversorgung leisten zu können. Klimaschutz ist weniger ein technisches, denn ein politisches Problem. Mit einem klaren und konsequenten politischen Willen ist eine ökologische Umstrukturierung der bestehenden Energieversorgung möglich. Das Einspeisungsgesetz bietet hierfür eine wichtige gesetzliche Grundlage.

Das Stromeinspeisungsgesetz – verfehltes Mittel zum guten Zweck

Die Antwort der VDEW auf das Greenpeace-Plädoyer

Von Joachim Grawe

Die deutschen Stromversorger engagieren sich für die Nutzung erneuerbarer Energien: durch den Bau und Betrieb von wirtschaftlichen Wasser- und Deponiegaskraftwerken sowie von Anlagen zur Demonstration und Erprobung neuer Techniken, durch Unterstützung ihrer Kunden und öffentlicher Stellen wie Kommunen und Schulen und durch Fördermaßnahmen wie Solarfonds – sogenanntes „Green pricing" – und Modelle der Bürgerbeteiligung an größeren Vorhaben. Sie geben dafür jährlich rund 900 Millionen DM aus. Zur Ressourcenschonung und zur Klimavorsorge – dessen sind sie sich bewußt – müssen erneuerbare Energien künftig verstärkt zur Deckung der Energie- und besonders auch der Stromnachfrage beitragen.

Das Stromeinspeisungsgesetz (StrEG) mit seinen stark subventionierenden Zwangsvergütungen sehen die Elektrizitätsversorgungsunternehmen (EVU) als verfehltes Mittel hierzu an. Es hat zahlreiche schwerwiegende Nachteile. So beruht es auf dem „Gießkannen"-Prinzip, bewirkt eine Subventionsmentalität, löst Mitnahmeeffekte aus, belastet die Stromverbraucher zugunsten von Abschreibungsgesellschaften, benachteiligt die deutschen Elektrizitätsversorgungsunternehmen im europäischen Wettbewerb und ist nach Untersuchungen von vier namhaften Universitätsprofessoren verfassungswidrig. Bisher hat es viel Geld gekostet, aber wenig bewirkt. Der einzige scheinbare Effekt, der sprunghafte Anstieg der Windenergienutzung, ist vor allem auf die – daneben gewährten – Förderungen des Bundes (250-Megawatt-Windprogramm), der Länder und der Europäischen Union zurückzuführen.

Im einzelnen: Das Stromeinspeisungsgesetz begünstigt auch Wasserkraftwerke, die schon bei seinem Inkrafttreten 1991 in Betrieb waren. Aufgrund der höheren Vergütung wird keine Kilowattstunde mehr erzeugt. Dies führt zu Mitnahmeeffekten von jährlich mehr als 50 Millionen DM. Zum Beispiel erhält der Betreiber eines

Wind-/ Solarkraftwerk Pellworm

Foto: E. Weckenmann, Greenpeace

Wasserkraftwerks mit 400 Kilowatt Leistung für die gleiche Strommenge heute rund 330 000 DM statt 1990 rund 190 000 DM an Einspeisevergütungen, ohne daß er eine einzige DM hätte investieren müssen. Ineffizienter kann man kaum subventionieren.

Ferner begünstigt das Stromeinspeisungsgesetz auch Erzeugungsanlagen, die ohne Subventionen wirtschaftlich sind. Die Stromerzeugungskosten für große Windkraftanlagen belaufen sich inzwischen an guten Standorten auf 12 und im Mittelgebirge auf 16 Pfennig je Kilowattstunde. Für den in ihr Netz eingespeisten Windstrom müssen die Stromversorger aber den Windkraftbetreibern derzeit 17,21 Pfennig pro Kilowattstunde bezahlen. Das bedeutet einen Gewinn von mehr als 40 Prozent je erzeugter Kilowattstunde. Hinzu kommen weitere Anreize für die Betreiber, zum Beispiel steuerliche Vorteile. Abschreibungsgesellschaften locken dementsprechend wohl-

habende Anleger mit hohen Renditeversprechen.

Die Einbeziehung der sogenannten externen Kosten würde an dem Ergebnis kaum etwas ändern. Sie betragen nach den neueren, inzwischen weitgehend übereinstimmenden Studien hierzu bei *Steinkohle* 0,1 bis 2,0 Pfennig, bei *Kernenergie* 0,01 bis 0,5 Pfennig, bei *Windenergie* 0,05 bis 0,07 Pfennig und bei *Solarenergie* (Photovoltaik) 0,2 bis 0,5 Pfennig pro Kilowattstunde. Allerdings sind dabei die Klimaeffekte nicht eingerechnet, weil sie sich bisher nicht quantifizieren lassen. Sie würden ein schlechtes Abschneiden der Steinkohle und – wegen des noch immer sehr hohen spezifischen Ressourcenverbrauchs für die Anlagen – der Photovoltaik bewirken.

Der Wert des eingespeisten Stroms bleibt außer Betracht. Stromwirtschaftlich macht es einen großen Unterschied, ob die erzeugte elektrische Energie in den lastarmen Sommermonaten oder im Winter zu Zeiten der Spitzennachfrage eingespeist wird und ob sie am Tage oder in der Nacht in das Netz aufgenommen werden muß. So kann die paradoxe Situation eintreten, daß ein Windmüller oder eine ihm allein gehörende GmbH während der Nacht Strom für mehr als 17 Pfennig an das Energieversorgungsunternehmen verkauft, gleichzeitig aber Strom, etwa für seine Elektrospeicherheizung, zu 10 bis 12 Pfennig pro Kilowattstunde von ihm bezieht.

Solaranlagen bringen keinen und Windkonverter nur einen geringen Leistungsbeitrag, weil die Sonne nicht immer scheint und der Wind nicht immer weht. Sie können daher konventionelle Kraftwerkskapazitäten leider nicht ersetzen, Kernkraftwerke ohnehin nicht, weil diese im Dauerbetrieb für die Grundlast eingesetzt werden. Der Wert des Solar- und abgeschwächt auch des Windstroms beschränkt sich daher im wesentlichen auf die Vermeidung von Brennstoffkosten. Diese liegen im Bereich von 2,5 bis 5 Pfennig pro Kilowattstunde bei Vollkosten der Stromerzeugung in bestehenden Kernkraftwerken von 9 bis 11 und in Kohlekraftwerken von 11 bis 13 Pfennig pro Kilowattstunde.

Schon heute belastet das Stromeinspeisungsgesetz die deutschen Strompreise mit jährlich etwa 300 bis 350 Millionen DM allein durch die Mehrkosten gegenüber den ohnehin großzügigen Vergütungen nach der Verbändevereinbarung zwischen der Elektrizitätswirtschaft und den Verbänden der Einspeiser. Diese Vergütungen schöpfen die langfristig vermiedenen Kosten anderweitiger Strombeschaffung voll aus, die im Mittel bei allen deutschen Energieversorgungsunternehmen entstehen. Würde man nur die vermiedenen Kosten der großen Stromerzeuger zugrunde legen, wären die Mehrbelastungen noch weit höher. Sie treffen im übrigen die Stromversorger in einzelnen Regionen, vor allem an der Küste,

Windkrafträder auf der Schwäbischen Alb
Foto: E. Weckenmann, Greenpeace

besonders hart. Einige Energieversorgungsunternehmen mußten deswegen bereits ihre Strompreise erhöhen, so die Elektrizitätswerke Oldenburg Anfang 1995 um 5 Prozent und das kleine Verbandselektrizitätswerk Waldeck-Frankenberg in Korbach im Januar 1996 um 2,1 Prozent.

Das Stromeinspeisungsgesetz steht auch nicht im Einklang mit dem Grundgesetz. Die Vorteile der Nutzung erneuerbarer Energien kommen der Allgemeinheit zugute. Deshalb dürfen die finanziellen Lasten, das heißt der Subventionsanteil der Vergütungen, nicht den Stromverbrauchern aufgebürdet werden. Vielmehr müssen sie von der Allgemeinheit getragen werden. Stromverbraucher und Steuerzahler sind keineswegs identisch. Zum Steueraufkommen tragen alle Bürger nach ihrer Leistungsfähigkeit bei. Familien mit Kindern und Rentner haben demgegenüber einen spezifisch höheren Stromverbrauch als etwa berufstätige Paare. Einen ähnlichen Finanzierungsmechanismus, nämlich den „Kohlepfennig", hat das Bundesverfassungsgericht deshalb für unzulässig erklärt. Auch Grundrechte werden tangiert. Zudem sind völlig unterschiedliche regionale Belastungen entstanden. Diese sind durch sachliche Gründe nicht zu rechtfertigen. Sie verstoßen demzufolge gegen das Gleichheitsgebot.

Wegen der mehrfachen Verfassungsverstöße ist die deutsche Elektrizitätswirtschaft bemüht, das Stromeinspeisungsgesetz auf den Prüfstand des Bundesverfassungsgerichts zu bringen. Das liegt auch im wohlverstandenen Interesse der Investoren in Anlagen zur Nutzung erneuerbarer Energien. Denn die bestehende Unsicherheit wird beseitigt. Entsprechende Verfahren sind in Gang gebracht worden. Der Weg zum höchsten deutschen Gericht, das in dieser Frage allein befinden kann, ist allerdings lang und mühevoll. Es bleibt zu hoffen, daß schnell entschieden wird.

Nach alldem kann es nur einen Schluß geben: Das Stromeinspeisungsgesetz sollte durch einen sinnvolleren Fördermechanismus ersetzt werden. Dabei wären die Subventionen aus den öffentlichen Haushalten zu bestreiten. Die Stromversorger würden weiterhin die erzeugte Energie in ihr Netz aufnehmen. Dazu haben sie sich schon 1979 freiwillig verpflichtet. Sie würden eine angemessene, das heißt an den vermiedenen Kosten ausgerichtete Vergütung zahlen.

Zwischen marktnahen (Markteinführungshilfen) und marktfernen (bei guten Aussichten Förderung von Forschung und Entwicklung) Techniken sollte unterschieden werden. Marktnah sind die Windenergie und die Nutzung von Abfall-Biomasse. Als extrem marktfern erweist sich dagegen die photovoltaische Stromerzeugung mit Kosten hierzulande um 2 DM pro Kilowattstunde, bei Großanlagen um 1,50 DM pro Kilowattstunde. Vergleicht man das mit den Brennstoffkosten konventioneller Kraftwerke – nur diese werden vermieden –, ergibt sich ein Faktor von 40! Forderungen nach kostendeckenden, also weit über das Stromeinspeisungsgesetz hinausgehenden Vergütungen für die photovoltaische Stromerzeugung oder gar Programme zu ihrer Einführung auf breiter Front müssen daher derzeit als Fehlleitung knapper Mittel bezeichnet. Dauersubventionen sind nicht zu vertreten. Die günstigsten Anbieter – sogenanntes „Bidding"-Konzept wie in England – sollten zum Zuge kommen. Das fördert die technische Entwicklung. Darauf kommt es an, wenn das Ziel – ein höherer Beitrag erneuerbarer Energien – erreicht werden soll. Die deutschen Stromversorger arbeiten daran.

Reaktivierte Wasserkraft – Strom aus technischen Denkmalen

Von Michael Mende

Bereits seit Jahren liegt der Anteil, den die Wasserkraftwerke in den westdeutschen Bundesländern zum Aufkommen elektrischer Energie beisteuern, ungefähr bei 4 Prozent. In einzelnen Bundesländern wie Bayern und Baden-Württemberg liegt dieser Anteil weitaus höher, in anderen wie Niedersachsen oder den ostdeutschen Bundesländern allerdings erheblich darunter. In Hessen wiederum entsprechen die Verhältnisse dem statistischen Durchschnitt. In den ersten Jahrzehnten der Elektrifizierung hatte die Wasserkraft demgegenüber noch eine sehr viel herausgehobenere Rolle spielen können.

Noch Mitte der 20er Jahre beruhte die deutsche Stromversorgung zu 14 Prozent auf der Wasserkraft. Dieser Prozentsatz wird heutzutage nur noch in Bayern erreicht, wo immerhin der Großteil gerade auch der Kleinanlagen betrieben wird, deren Einzelleistung oft weniger als 100 Kilowatt beträgt.

Zwar hat die Wasserkraft seitdem an Bedeutung verloren, doch ist sie zwischenzeitlich weiter ausgebaut worden. Das in Deutschland überhaupt verfügbare Potential ist derzeit zu bereits drei Vierteln genutzt. Dem Vorhaben, nun auch noch das restliche Viertel energiewirtschaftlich zu verwerten, wird allerdings einiger Widerstand entgegengesetzt. Er ist vor allem vom Wunsch getragen, am betreffenden Ort sowohl das gewohnte Landschaftsbild zu erhalten, als auch die Lebensgemeinschaften der jeweils ansässigen Pflanzen und Tiere. Der Landschaftsschutz und mehr noch der Naturschutz schließen somit den Bau solcher Wasserkraftwerke aus, zu deren Betrieb das ursprüngliche, sich auf längere Flußabschnitte erstreckende Gefälle in wenigen oder gar einer einzigen Staustufe konzentriert wird. Die dann erforderlichen hohen Dämme verfallen ebenso der Ablehnung wie die schnurgeraden Zuleitungskanäle mit ihrer nackten Uferbefestigung, die kaum zu vermeiden sind, soll eine Kette von Wasserkraftwerken zudem im Schwellbetrieb gefahren werden. Der mit ihm einhergehende ständige und kurzfristige Wechsel der Wasserstände verträgt sich nur schlecht mit dauerhaftem Pflanzenbewuchs. Selbst das Angebot eines ästhetischen Kompromisses in Gestalt flacher, in die Wehranlage oder in die Uferböschung eingefügter Maschinengebäude vermag in solchen Fällen die Vorbehalte kaum auszuräumen.

Einst stillgelegt, jetzt wieder reaktiviert

Es verwundert daher kaum, daß die Mittel zur öffentlichen Förderung erneuerbarer Energien im Hinblick auf die Wasserkraft überwiegend in den Ausbau, die gründliche Erneuerung oder die erneute Reaktivierung bereits vorhandener Anlagen geflossen sind. Bayern, das derzeit mehr als 4000 Wasserkraftwerke zählt, darunter 3600, deren Leistung unterhalb von 100 Kilowatt liegt, hat von diesen Mitteln indes weniger profitiert, als es zum Beispiel Thüringen könnte, wo von den 3500 Anlagen der 20er Jahre bis vor kurzem lediglich 147 in Betrieb geblieben waren. Während in Bayern eine Vielzahl von Wassermühlen auch nach Aufgabe des Müllerei- oder Sägewerkbetriebes als Kleinkraftwerk weitergeführt wurde, sind sie mit wenigen Ausnahmen in den meisten Bundesländern dem „Mühlensterben" der 50er und 60er Jahre anheimgefallen. Nach ihrer Stillegung wurden die Staurechte überwiegend gelöscht, die Wasserbauten häufig dem Verfall preisgegeben oder sogar zerstört und die Gebäude selbst nur noch als Wohnhaus oder Lagerraum genutzt.

Vom Mühlensterben waren zunächst vor allem die Anlagen betroffen, deren nutzbares Gefälle gering und bei denen die verfügbare Wassermenge im Jahresverlauf allzu starken Schwankungen unterworfen war, so daß sich eine Umrüstung vom Wasserrad zur Turbine mit anschließendem Generator nicht gelohnt hätte. Demzufolge finden sich nur noch sehr wenige Mühlen, bei denen ein Wasserrad erhalten geblieben und mehr ist, als nur anheimelnde Dekoration. Zwar lassen sich Wasserräder durchaus mit elektrischen Maschinen koppeln, doch verlangt deren Betrieb ein oft aufwendiges Vorgelege von Treibriemen und Zahnrädern, um ihre geringe Drehzahl auf die um ein Vielfaches höhere der Generatoren zu bringen.

Überall dort, wo der Betrieb auf Turbinen umgestellt worden war, weil Leistungssteigerungen nur mit zusätzlichen und zudem oft schwereren Wasserrädern hätten erreicht werden können, war bereits erheblich in die ursprüngliche Bausubstanz eingegriffen worden. Solche Eingriffe bezogen sich in erster Linie auf die Wasserseite der Triebwerksbauten: auf Zuleitungskanäle, Rechen und Schütze, die Absperrorgane, sowie, falls die Wasserräder bis dahin nicht offen umgelaufen waren, auf die Radstube. Wich die betreffende Mühle beim Wechsel zu Turbinen nicht ohnehin einem Neubau, so wurde ihr Erscheinungsbild zumindest stark verändert. Mit den Attributen des jeweils dominierenden Stils hatte die Fassade schließlich auch die durch die Betriebserweiterung ermöglichte Leistungssteigerung samt daraus ableitbarer Geltungsansprüche zum Ausdruck zu bringen.

Konfliktquellen

Wiederholte sich dieser Vorgang, fand sich die ursprüngliche Bausubstanz mitunter bald bis auf so kümmerliche Reste beseitigt, daß selbst für eine entschlossene Denkmalpflege kaum etwas zu tun bleibt. Ihre Aufgabe liegt in erster Linie darin, die überlieferte Substanz zu sichern und zu erhalten, so daß die Geschichte zumindest des betreffenden Bauwerks dokumentiert und ablesbar bleibt. Mit dieser Intention unterscheidet sich die Denkmalpflege vom Versuch, durch Rekonstruktion einen früheren, womöglich gar idealisierten, „schöneren" Zustand herstellen zu wollen.

Obwohl Wasserkraftwerke sich gegenüber Dampfkraftwerken und vor allem deren Kesselhäusern durch eine ausgesprochene Langlebigkeit von vielen Jahrzehnten auszeichnen können, bedeutet doch schon jeder Versuch, einen vorgefundenen Zustand zu konservieren, daß die betreffende Anlage vom Fluß der Geschichte abgekoppelt wird. Andererseits wird der Zahn der Zeit sich nicht davon abbringen lassen, weiter an der Substanz des Denkmals zu nagen. Zwischenzeitliche Veränderungen im Wasserhaushalt, wie beispielsweise verstärkte Trinkwasserentnahmen im Quellgebiet, verringerte Speicherfähigkeit der Böden im Einzugbereich des Oberlaufs, Bodenversiegelung, Grundwasserabsenkungen oder eine andere Führung und Tiefe des Betts, in dem das Triebwasser zufließt, dessen stärkere Belastung mit Salzen, Stickstoff, Geschiebe oder grobstückigen Abfällen, unterstützen ihn allesamt dabei.

Der Beton des Fundaments und die Turbinen zeigen sich hier als die zumeist empfindlichsten Teile. Lassen sich die korrodierten Turbinen noch ersetzen, ohne daß das Erscheinungsbild des Kraftwerks dadurch wesentlich gefährdet würde, so stellen Schäden am Fundament es mitunter selbst in Frage. Der vollständige Abbruch und Neubau bleibt dann der einzige Ausweg. In solchen Fällen dürfte nur noch der Wunsch, mit dem ursprünglichen Äußeren des Baus, seinem Volumen und seiner Form, dem Material seines Mauerwerks oder dem Umriß seines Daches auch ein bestimmendes Element des gewohnten Landschaftsbildes zu bewahren, den Ausschlag geben können, sich für die Rekonstruktion statt einer Neugestaltung zu entscheiden. Unabhängig davon, ob ein vorhandenes Wasserkraftwerk entweder vollständig erhalten bleiben, umgebaut und dazu großenteils verändert oder aber abgerissen werden soll, wird die Gefällestufe mit den zugehörigen Wasserbauten selbst meist nicht beseitigt werden können, will man den Wasserhaushalt des betreffenden Einzugsgebietes nicht aus seinem Gleichgewicht bringen.

Ausgleich der Interessen

Während im Sommer 1987 das durch die Bremer Stadtwerke betriebene Weserwerk abgerissen wurde, war das Wasserkraftwerk „Am letzten Heller" an der Werra oberhalb von Hannoversch Münden nur wenige Monate zuvor von der PreussenElektra nach gründlicher Sanierung wieder in Betrieb genommen worden. Nahezu zur gleichen Zeit wie das Bremer Weserwerk sollte die PreussenElektra trotz ihrer Versicherung, „auch künftig umweltfreundliche Stromerzeugung aus Wasserkraft" betreiben zu wollen, das Mainkraftwerk Kesselstadt endgültig zum Abbruch freige-

Bei Rekonstruktionen bleibt das Landschaftsbild erhalten

ben. Die baugleichen Anlagen von Groß Krotzenburg und Mainkur hatten bereits zu Beginn der 80er Jahre weichen müssen.

Die genannten Kraftwerke verdankten ihr Entstehen allesamt dem preußischen „Gesetz über den Ausbau der Wasserkräfte im oberen Quellgebiet der Weser und im Maingebiet" von 1913, das auf ein bereits 1905 verabschiedetes „Gesetz zur Hebung der Landeskultur, zur Verminderung von Hochwasserschäden und zur Ausgestaltung des Wasserstraßennetzes" gefolgt war. Beide Gesetze bildeten die Grundlage für den Bau des Mittellandkanals, die Kanalisierung von Weser, Werra, Fulda und Main sowie zur Errichtung von Talsperren an Eder und Diemel, um einen die Schiffahrt jederzeit gewährleistenden Wasserstand halten zu können. Die Wasserkraftwerke markierten im Einzugsgebiet von Main und Weser den Beginn der Elektrizitätswirtschaft in staatlicher Regie. Zusammen mit den seinerzeitigen „Großkraftwerken" auf der Basis des örtlichen Braunkohlevorkommens im nordhessischen Borken und der aus dem Ruhrgebiet über den Mittellandkanal herangeschafften Steinkohle in Ahlem bei Hannover, ermöglichten sie, zwischen Hanau und Bremen weite Landgebiete zu elektrifizieren und sie im Laufe der 20er Jahre als Knotenpunkte in das neue, nun reichsweite Verbundnetz zu übernehmen.

Die Kraftwerke am Unterlauf des Mains fielen in erster Linie seinem Ausbau zu einer Wasserstraße für Schiffe bis zu 2000 Tonnen zum Opfer. Dazu wurde das Flußbett verbreitert und vertieft, das Gefälle verändert und Staustufen zusammengelegt. An die Stelle der älteren, aus den Jahren unmittelbar nach dem Ersten Weltkrieg stammenden Anlagen wurden nun nur noch zwei neue Wasserkraftwerke gebaut. Sie wurden zum Fluß hin strömungsgünstiger ausgerichtet und überdies mit Kaplanturbinen versehen, die das Potential besser zu nutzen versprachen als die Francisturbinen ihrer Vorgänger.

Weil die Werra im Unterschied zum Main durch ihre damalige Grenzlage ohnehin kaum als Wasserstraße zu fungieren vermochte, konnte die Sanierung des Kraftwerks „Am letzten Heller" auf den Ersatz der ursprünglichen Francisturbinen und Generatoren sowie den Neubau einer wirkungsvolleren Rechenanlage beschränkt bleiben, mit der das

Treibgut vor den Turbinen aus dem Wasser zu holen ist. Wehr und Maschinenhaus hingegen blieben äußerlich unversehrt.

Das Bremer Weserwerk, zwischen 1906 und 1926 in drei Bauabschnitten errichtet, ist demgegenüber bis auf die Fundamente abgetragen. Diese Maßnahme wurde damit begründet, daß das Maschinenhaus baufällig geworden und die kostspielige Unterhaltung den Stadtwerken nicht weiter zuzumuten wären, es vor allem aber bei Hochwasser einem zügigen Abfluß im Wege gestanden hätte. Die Staustufe mit Wehr und Schleuse war allerdings zu erhalten, sollte die Erosion des Flußbettes nicht auf die Mittelweser übergreifen und zu einer Absenkung des Grundwasserspiegels mit anschließender Verödung der beiderseits des Flusses gelegenen Weiden führen. Um dies zu verhindern, war das Weserwehr immerhin errichtet worden. Die Wasserkraftnutzung war die willkommene Zugabe in einer Zeit, als eine installierte Leistung von 8,5 Megawatt ausreichte, Bremens Bedarf an elektrischer Leistung zur Hälfte abzudecken. Dem Weserwerk, das in den 20er Jahren noch zu den großen Laufwasserkraftwerken gezählt hatte, war über die mit der fortgesetzten Vertiefung der Unterweser einhergehende Verlagerung der Tide ins Hinterland und Erosion des Flußbetts offenkundig die Grundlage entzogen worden. Nachdem die Staustufe mit dem Neubau von Wehr und Schleuse um gut 200 Meter vorverlegt worden ist und sich dort, wo bis 1987 das Weserwerk gestanden hatte, jetzt eine Insel aufgeschüttet findet, hätte allerdings die Möglichkeit bestanden, es mitsamt seinen Maschinen zu erhalten und als Schauanlage der Allgemeinheit zugänglich zu machen.

Denkmale mit Vorbildwirkung

Ebenfalls nach einer Übereinkunft mit dem preußischen Staat hatte die Stadt Celle in den Jahren 1908 bis 1911 und 1912 bis 1915 ihre beiden „Allerzentralen", zuerst das Werk Oldau, dann weiter unterhalb das inzwischen beseitigte Werk Marklendorf errichtet. Damit waren zwei der vier im Zuge der Allerkanalisierung vorgesehenen Staustufen mit einem Wasserkraftwerk verbunden worden. Der Zweck des Unternehmens bestand darin, die bei Verden in die Weser mündende Aller als Wasserstraße für Schiffe bis zu 600 Tonnen auszubauen und in das im Entstehen

begriffene norddeutsche Kanalnetz zwischen den Nordseehäfen, dem Ruhrgebiet und Berlin einzufügen.

Nachdem die bei Celle zu Beginn des Jahrhunderts expandierende Erdöl- und Kalisalzförderung an Bedeutung eingebüßt hat und in der Zwischenzeit weitgehend aufgegeben worden ist, dient die Aller jetzt fast nur noch dem Freizeitverkehr von Sportbooten. Ebenso hatten die beiden Wasserkraftwerke mittlerweile erheblich an Bedeutung verloren. Seit 1930 von der heutigen PreussenElektra betrieben, galten sie mit ihren jeweils etwa 450 Kilowatt installierter Leistung nur noch als Kleinkraftwerke und wurden zu Beginn der 70er Jahre aufgegeben. Anders als das bald darauf abgerissene Werk Marklendorf, blieb das oberhalb gelegene Werk Oldau stehen. Nach Einspruch der zuständigen Bezirksregierung in

Lüneburg unter Denkmalschutz gestellt, fand es noch in den 70er Jahren wieder einen Betreiber. Er unterzog die Anlage, deren drei Francis-Schachtturbinen zusammen mit dem Generator auf einer gemeinsamen Welle sitzen, einer gründlichen Überholung und schloß sie zehn Jahre nach ihrer Stillegung wieder an das Netz des regionalen Versorgungsunternehmens an. Dort trägt es seitdem als größtes von insgesamt 22 Kleinwasserkraftwerken zu ungefähr einem Prozent der Jahresleistung bei.

Das Wasserkraftwerk Oldau ist weitgehend so erhalten, wie es von Viktor Gelpke nach amerikanischem Vorbild geplant und durch die Braunschweiger Mühlenbauanstalt Amme, Giesecke und Konegen zusammen mit der AEG eingerichtet worden ist. Neben den Turbinen und dem Generator finden sich die Schalttafel und die Fliehkraftregler mit manueller Voreinstellung. Seit der Wiederinbetriebnahme wird der Wasserstrom allerdings automatisch reguliert. Während das Maschinenhaus innen nur wenig verändert scheint, hat es außen einiges von seinem ursprünglich sehr repräsentativen Charakter eingebüßt. So wurde der Turm des Schalthauses teilweise abgetragen, das Masartdach durch ein flaches Satteldach und der Zierputz durch einen nüchternen Glattputz ersetzt. Dennoch präsentiert sich dieses Kraftwerk zusammen mit seiner Wehranlage in eindrucksvollen Formen und belebt das Bild seiner Umgebung, einer parkartig mit Baumgruppen durchsetzten Wiesenlandschaft.

Versehen in Oldau Turbinen und Generator weiterhin ihren Dienst, so liegt die Anlage der Hamelner Pfortmühle, ungefähr gleichen Alters und von etwas höherer Leistung, schon seit Ende der 60er Jahre still. Vom hannoverschen Architekten Lingemann entworfen, war die Mühle zwischen 1893 und 1895 am Altstadtufer der Weser errichtet worden und galt damals als eine der größten Wassermühlen Europas. Die langsameren Jonvalturbinen waren schon 1910 ersetzt worden, um die Mühle auf elektrische Antriebe und Beleuchtung umzustellen. Trotz ihrer Vermahlungskapazität von täglich 100 Tonnen Getreide war der Mühlenbetrieb selbst bereits zu Beginn der 50er Jahre aufgegeben worden, so daß das Bauwerk im wesentlichen nur durch seine Wasserkraftanlage überlebte. Obwohl seit 1968 als Denkmal eingestuft, sollte die Stadt das Gebäude fünf Jahre später mit der Absicht erwerben, es im Rahmen einer umfassenden Stadtsanierung zugunsten eines zentralen Omnibusbahnhofs abzubrechen. Zumal aber seit dem Ende der 70er Jahre kaum noch mit dem Argument mangelnder Maßstabsgerechtigkeit gegenüber der Umgebung historischer Fachwerkarchitektur operiert werden konnte, nachdem neben der Pfortmühle ein Kaufhaus errichtet worden war und überdies mit zwischenzeitlich allgemein gewachsenem Interesse am Denkmalschutz auch Bauten im Stil des Historismus erhaltenswert schienen, gab die Stadt schließlich ihren Plan auf und begann, sich nach Möglichkeiten einer dauerhaften Nutzung umzusehen. Die Pfortmühle beherbergt heute Stadtbibliothek und Volkshochschule. Die Wasserkraftanlage bildet den Blickfang eines Cafés. Dessen Terrasse überdeckt nun das neue Wasserkraftwerk, das an die Stelle der unmittelbar vorgelagerten und für die Schiffahrt nicht mehr benötigten Schleuse getreten ist.

Pfortmühle Hameln mit Schleusenvorhafen und Weserwehr
Foto: M. Mende

In diesem Fall kollidierte zwar die Forderung, das Bauwerk als Denkmal zu erhalten, mit der Forderung, das Potential der vorhandenen Wasserkraft stärker zu nutzen. Doch blieb im Unterschied zu vielen Fällen andernorts die Turbinenanlage als museales Schaustück erhalten. Der Preis, der in Hameln gezahlt worden ist, besteht im Verlust der Schleuse zwischen Wehr und Ufermauer an der Mühle sowie des Zustandes, in dem sich der Maschinenraum ursprünglich befunden hatte. Im Kraftwerk „Am letzten Heller" bei Hannoversch Münden dagegen gingen die ursprünglichen Maschinen verloren, weil die Abwässer des thüringischen Kalisalzbergbaus die Schaufeln der Turbinenläufer und ihrer Leitapparate so angegriffen hatten, daß sie ersetzt werden mußten. Dadurch, daß statt neuer Francisturbinen nun Kaplanturbinen eingebaut wurden, wurde allerdings das Erscheinungsbild der Maschinenhalle stark verändert. Das Beispiel von Oldau wiederum zeigt, daß ein historisches Wasserkraftwerk durchaus wirtschaftlich betrieben und gerade dadurch als Denkmal lebendig erhalten werden kann, denn die Purifizierung seiner Fassade dürfte von zeitgebundenen ästhetischen Präferenzen zumindest ebenso bestimmt gewesen sein wie vom Wunsch, die Kosten zu vermeiden, die eventuell bei der Erneuerung der Mansartdacheindeckung oder der Zementstukkatur an der Fassade entstanden wären. Angesichts der Vielzahl von Wasserkraftwerken aus der Zeit zwischen etwa 1890 und 1930, die in Deutschland noch so gut wie unverändert in Betrieb oder noch als Ruheständler zu reaktivieren sind, erhalten sie als Denkmale eine zusätzliche Bedeutung. Sie spiegeln die gegenwärtig andauernde Popularität des Gedankens, Wassermühlen und Kleinkraftwerke als ortsbildprägende und erinnerungsgeladene Landmarken zu erhalten ebenso wie den, sie vermehrt zur umweltfreundlichen, nicht nur emissionsfreien Nutzung erneuerbarer Energie heranzuziehen.

Nutzung geothermischer Ressourcen

Von Ernst Huenges

In Deutschland lassen sich geothermische Ressourcen zur Bereitstellung von Wärme und Strom nutzen. Wärme aus der Erde wird aus dem flachen Untergrund mit Hilfe von erdgekoppelten Wärmepumpen oder aus dem tiefen Untergrund durch Nutzung erbohrter wasserführender Schichten in Heizzentralen bereitgestellt. Elektrischer Strom kann aus speziell aufbereiteten Lagerstätten des noch tieferen und damit heißeren Untergrundes erzeugt werden. Allerdings steht der Bau einer Pilotanlage für dieses Verfahren bisher in Deutschland noch aus.

Die Technik zur Nutzung des oberflächennahen geothermischen Potentials ist dagegen vorhanden und wird bereits angewendet. Wie beispielsweise die geothermische Heizzentrale in Neustadt-Glewe in Mecklenburg-Vorpommern zeigt, ist die Bereitstellung von hydrothermal gewonnener Erdwärme machbar. Für eine Reihe von geologischen Strukturen ist diese Machbarkeit nachgewiesen. Wirtschaftliche Überlegungen erfordern gerade für die Zukunft einen Blick in Richtung auf eine weitgehend ortsunabhängige Nutzung der Erdwärme und ihrer Abnehmerstrukturen. Die Aufbereitung der tieferen Lagerstätten zur Bereitstellung von elektrischem Strom, das sogenannte Hot-Dry-Rock-Verfahren, beinhaltet Methoden, die den Einstieg in die ortsunabhängige Nutzung der Erdwärme erleichtern.

Der besondere Charme der Nutzung der Erdwärme liegt darin, daß den Ressourcen der Erde nur das wirklich Nötige entnommen wird: die Wärme und nur die Mengen an Sole, die zur stofflichen Nutzung erforderlich sind. Ansonsten ist der Stoffkreislauf weitgehend geschlossen, der sich je nach Bedarf ein- und ausschalten läßt.

Technisches Potential

Mit zunehmender Tiefe nimmt die Temperatur der Erde bis in einige Kilometer Tiefe im Durchschnitt um 30 Grad Celsius je Kilometer zu. Daher existiert ein großes Energiepotential in der Erde, welches sich nutzen läßt. Der Wasserkreislauf durch die Erde läuft entweder durch ein im Untergrund verlegtes geschlossenes Rohrleitungssystem oder es handelt sich um einen Kreislauf aus einer wasserführenden Schicht in der Tiefe. Die Wärme wird dann im direkten Wärmetausch oder mit Hilfe von Wärmepumpen den warmen Wässern entzogen. Der Einsatz von Wärmepumpen richtet sich nach der Temperatur im Wasserkreislauf.

Die Ressourcen sind in Deutschland nicht gleichmäßig verteilt. Sie werden anhand der Temperatur und der möglichen Förderrate aus der genutzten wasserführenden Schicht bewertet. Wie die Verteilung der Temperatur in 2000 Meter Tiefe zeigt, kommen in Deutschland erhöhte, das heißt für Heizzwecke nutzbare Temperaturen größer als 80 Grad Celsius in Südwestdeutschland, in Niederbayern und in ganz Norddeutschland vor. In den gleichen Gebieten existieren wasserführende Schichten in der Tiefe.

In Hinblick auf die Nutzung der Erdwärme existieren in erbohrbaren Tiefen, das heißt bis 3 Kilometer Tiefe, Ressourcen in Deutschland von schätzungsweise 10 Trilliarden Joule (1 Trilliarde ist eine Zahl mit 21 Nullen). Davon ist heute etwa 1 Prozent, also 100 Trillionen Joule, nutzbar. Diese Energiemenge kann einen Teil des Energieverbrauchs in Deutschland decken. So werden in Deutschland rund 8 Trillionen Joule pro Jahr an Wärme benötigt, wovon heute schon 1,6 Trillionen Joule an Erdwärme zur Verfügung gestellt werden könnten. Hinzu kommt ein Potential von rund 1 Trillion Joule gespeichert in Oberflächennähe an Wärme, welche mit Hilfe von Wärmepumpen nutzbar ist.

Temperatur in 2000 Meter Tiefe in Deutschland

Quelle: GFZ

Elektrischer Strom wird bisher in Deutschland noch nicht mit Hilfe von Erdwärme genutzt. Das erforderliche Potential dazu richtet sich nach den zur Zeit erhältlichen Umsetzungsanlagen. Bei niedrigen Temperaturen bis minimal 120 Grad Celsius sind Organic-Rankine-Cycle-Anlagen einsetzbar. Diese Anlagen nutzen einen Kreislauf mit Flüssigkeiten, die bei niedrigeren Temperaturen als bei Wasser in der Dampfphase Turbinen antreiben können. Temperaturen für Organic-Rankine-Cycle-Anlagen sind in Deutschland oberhalb von 3 Kilometern Tiefe nur in Südwestdeutschland und in Teilen von Niedersachsen, Brandenburg und Mecklenburg-Vorpommern zu erwarten.

Wenn die Temperatur vorhanden ist, aber nicht die Wässer und die Wegsamkeiten für die warmen Wässer, spricht man von *Hot-Dry-Rock-Lagerstätten*, also heißem trockenem Gestein. Naturgemäß sind das die weitestverbreiteten Lagerstätten. Die Wegsamkeiten müssen künstlich erzeugt und das Wasser von außen zugeführt werden. Die Wegsamkeiten werden gewonnen, indem mit Hilfe von eingepreßtem Wasser das Gestein hydraulisch aufgebrochen wird. So entstehen große Bruchflächen, also künstliche Klüfte in der Tiefe. Erfahrungsgemäß bleiben die Brüche erhalten, wenn der Hydraulikdruck zurückgenommen wird, so daß solche Hot-Dry-Rock-Lagerstätten ausgebeutet werden können. Bei Experimenten in Soultz in Frankreich wurde eine Durchströmung der Lagerstätte von 40 Kubikmetern Wasser pro Stunde, das 120 Grad Celsius heiß war, erreicht. Dadurch sind erstmals künstlich in der Tiefe Wärmetauscherflächen in der für die Nutzung der Erdwärme notwendigen Größe erzeugt worden.

Abnehmerpotential

Erdwärmenutzung für einen kleinen begrenzten Abnehmerkreis in der Größenordnung eines Einfamilienhauses wird durch erdgekoppelte Wärmepumpen ermöglicht. Üblich sind Anlagen bis zu einer Leistung von 12 bis 25 Kilowatt. Die Gesamtnutzung in Deutschland läßt sich zur Zeit auf einen Wert zwischen 45 und 126 Megawatt abschätzen. Es besteht sicherlich eine Ausbaumöglichkeit beziehungsweise ein größeres Abnehmerpotential. Das Abnehmerpotential für Erdwärme aus zentralen Anlagen ist vielschichtig. Geordnet nach Abnehmertemperatur wird Wärme zum Beispiel als Prozeßwärme in der Industrie, zur Warmwasserversorgung, in Wohnungsheizungen, in Thermalbädern, in der Landwirtschaft, in Gewächshäusern und zur Verkehrsflächenbeheizung benötigt. Eine verschiedenartige Nutzung der Thermalwässer ist wegen der unterschiedlich erforderlichen Abnehmertemperaturen durchaus möglich. Ein Teil der aufgelisteten Abnehmer wird mittels Heiznetzen versorgt. Heiznetze sind Heißwasserkreisläufe, die hintereinander angeordnete Wärmeabnehmer insgesamt mit einer typischen Leistung von 10 Megawatt versorgen. In Deutschland existieren etwa 200 Heiznetze. Auffällig sind Ballungen um die Städte Dresden und Leipzig, in den Industriegebieten im Rheinisch-Westfälischen, im Großraum Frankfurt-Karlsruhe und Hannover-Braunschweig sowie im Großraum Berlin. Eine Reihe von Heiznetzen liegt in Gebieten, in denen sich heute wahrscheinlich erschließbare geothermische Ressourcen befinden.

Realisierte und geplante zentrale Anlagen

In Deutschland sind zur Zeit 22 geothermische Nutzungsanlagen in Betrieb, weitere 15 sind bereits geplant. Bei den meisten Anlagen ist eine verschiedenartige Nutzung der Thermalwässer vorgesehen. Standorte wie Neustadt-Glewe, Neubrandenburg und Waren/Müritz belegen mit den errichteten geothermischen Heizzentralen die grundsätzliche technologische Machbarkeit der Erdwärmenutzung im Megawatt-Bereich. In der Regel, insbesondere in Gebieten mit hoher Salzbefrachtung, sind die größeren Anlagen mit mehr als 1 Megawatt (geothermisch) als Doubletten gestaltet, das heißt eine Bohrung dient zur Förderung und eine zur Wiederverpressung der Thermalwässer.

Die Temperaturen der geförderten Wässer sind in den meisten Nutzungsanlagen so niedrig, daß im Sinne einer Raumheizung eine Temperaturanhebung mittels Wärmepumpen erforderlich ist. Ausnahmen bilden die Anlagen in Neustadt-Glewe und Waren. Um ausreichende Förderraten zu gewährleisten, sind zusätzliche Pumpanlagen erforderlich. Neben der Temperatur ist die Kenntnis des Salzgehalts der Schichtwässer in der Tiefe notwendig, um Wechselwirkungen während der Nutzung in

Realisierte und geplante geothermische Nutzungsanlagen

Standort	installierte (geplante) Leistung in MW$_{geothermisch}$	Temperatur in °C	Förderrate in l/s	Tiefe der Bohrung in m	Salzgehalt in g/l	Art der Nutzung
Nordostdeutschland						
Ehrenfriedersdorf	(0,40 – 1,20)	11–14	2,8 – 9,4	50, 143		H
Göhren-Lebbin	(2,00)					B, H
Neubrandenburg	5,80	51	42	1500	180	H
Neustadt-Glewe	6,50	98	35	2250	220	B, H
Prenzlau	0,30 – 0,50	108		2000	(200)	B
Rheinsberg	(?)	80	14 – 21	1800	200	B, H
Templin	(?)			2000	(200)	B
Waren (Müritz)	1,50	62	17	1700	200	H
Nordwestdeutschland						
Aachen	0,82	68				B, H
Düsseldorf	0,12					H
Ems	0,16	43	1			H
Meppen	(0,80 – 1,50)	(60)		(1400)	(130)	B, H
Südwestdeutschland						
Baden-Baden	0,44	70	3			B, H
Biberach	1,17	49	40		(1)	B, G
Buchau	1,13	48	30			B, H
Frankfurt	0,45	42				E
Konstanz	0,62	29	9		(5)	B
Urach	1,00	58	10			B, H
Waldsee	0,44	30	7			B, H
Wiesbaden	1,76	69	13			B, H
Bayern						
Altötting	(16,00)	95		2250		B, H
Bad Rodach	0,35	34				B
Bayreuth	(6,00)	31	17	1130	0,2	B, H, W
Birnbach	1,40	70	16		(1)	B, H
Bad Endorf	(6,00)	65	14	2400	(1)	H
Bad Füssing	0,41	56	60			B, H
Erding	(20,00)	63	25 – 27	2350	0,7	B, H, W
Griesbach	0,20	60				B, H, G
Kochel am See	0,21					E
Krumbach	(6,00)	55		1550		B, H
Lobenstein	(2,00 – 3,00)	50				B, H, W
Marktschwaben	(12,00)	85		2550		H
Neufahrn/München	(15,00)	85	83	1800		H
Simbach	(15,00)	90		2200	(1)	B, H
Straubing	(12,00)	38	44 – 56	800	(1)	B, H
Staffelstein	1,70	54	4		(1)	B, H
Weiden	0,20	26	2	1460	0,2	B, H

Art der Nutzung: B = Bad, Brauchwasser; H = Heizung; G = Gewächshaus; W = Trinkwasser; E = Erdwärmesonde
Angaben kursiv in Klammern = Schätzwerte
Quelle: GFZ, 1996; Geothermische Vereinigung, 1996; Clauser, 1996;
    Rummel, Kappelmeier, 1993; Hänel, Staroste, 1988

der Tiefe vorherzusagen beziehungsweise um Maßnahmen gegen Korrosion in den technischen Nutzungsanlagen zu ergreifen. Salzbeladene Wässer werden vornehmlich in norddeutschen Ressourcen angetroffen.

Energie und Kohlendioxidbilanz

Generell gilt, daß zum Aufbau der Anlagen hohe Anfangsinvestitionen erforderlich sind. Davon geht der Großteil in die Erstellung und den Ausbau der Bohrungen. Wie andere regenerative Energienutzungen, erfordert der Aufbau hydrogeothermaler Nutzungsanlagen, zum Beispiel mit Bohrungen, Übertagetechnik und anderen Anlageteilen, hohe Energiemengen und verursacht Kohlendioxidemissionen. Jedoch wird im Betrieb geothermischer Heizzentralen beides eingespart. Ein direkter ganzheitlicher Vergleich zwischen einer geothermischen und einer fossil gefeuerten Heizzentrale mit allen Energieaufwendungen beziehungsweise allen verursachten Kohlendioxidemissionen ergibt zunächst die höheren Errichtungsaufwendungen für die geothermische Heizzentrale. Jedoch schon nach wenigen Monaten ist die Bilanz ausgeglichen, und im Laufe der Jahre ist eine zunehmende Einsparung an Energieaufwendungen beobachtbar. Ähnlich verhält es sich mit den Kohlendioxidemissionen.

Überträgt man die Verhältnisse, die zum Beispiel für die geothermische Heizzentrale Riehen bei Basel (Schweiz) – einer Anlage mit Wärmepumpe – im Vergleich zu einer Ölheizzentrale errechnet wurden, auf alle derzeit genutzten Anlagen in Deutschland, dann ergibt sich bei einer Lebensdauer von mehreren Jahren gegenüber konventionellen Anlagen ein Einsparpotential an Kohlendioxidemissionen von 40 Prozent. Dies könnte noch mehr sein, da ein Großteil der Anlagen, anders als in Riehen, ohne Wärmepumpen gefahren werden könnte. Man könnte, wie bereits erwähnt, schon heute 1,6 Trillionen Joule pro Jahr an hydrothermaler Erdwärme zur Verfügung stellen. Nach Substitution fossiler durch hydrogeothermale Wärmeerzeugung könnte man jährlich Emissionen von 45 Millionen Tonnen Kohlendioxid einsparen. Dies wäre im Vergleich zur Gesamtemission in Deutschland, die im Jahr 1994 etwa 900 Millionen Tonnen betrug, eine Einsparung von rund 5 Prozent.

Perspektiven regenerativer Energien in Deutschland aus Sicht des Energie-Anbieters

Von Werner Hlubek

Die weltweite Stromversorgung basiert heute auf den fossilen Energieträgern Kohle, Öl und Gas sowie auf der Nutzung von Kernenergie und Wasserkraft. Vor allem die Vorkommen der fossilen Energieträger sind begrenzt. Außerdem gewinnt neben dem Ziel der langfristig zuverlässigen Versorgung mit Energie auch der Umweltschutz bei der Energieumwandlung zunehmend an Bedeutung. Ohne Zweifel werden wir daher in Zukunft einen wachsenden Anteil des Energiebedarfs durch die Nutzung regenerativer Energieträger wie Sonne, Wind, Wasser und Biomasse decken müssen. Denn die regenerativen Energien sind auf lange Sicht eine wesentliche Option für eine umwelt- und ressourcenschonende Energieversorgung.

Das Angebot regenerativer Energieträger ist im Gegensatz zu den Vorkommen von Kohle, Öl und Gas theoretisch nach menschlichen Maßstäben unerschöpflich. Bei der Nutzung von Sonnenenergie, Wind- und Wasserkraft werden darüber hinaus keine natürlichen Ressourcen in Form von Brennstoffen verbraucht; folglich fallen auch keine Brennstoffkosten an. Ein weiterer Vorteil ist, daß mit dem Betrieb regenerativer Stromerzeugungsanlagen keine oder – bei der Verbrennung von Biomasse – nur geringe Schadstoffemissionen verbunden sind.

Nutzung von Wind-,
Sonnen- und Bio-
massenenergie

Foto: RWE Energie AG

Allerdings ist das tatsächlich nutzbare Potential der regenerativen Energien in Deutschland – vor allem aus klimatischen und wirtschaftlichen Gründen – eher begrenzt. Ausgehend von rund 4 Prozent Anteil am deutschen Stromaufkommen 1994 wird der Beitrag der erneuerbaren Energien bis zum Jahr 2005 voraussichtlich auf 6 Prozent und bis 2020 lediglich auf rund 10 Prozent steigen. Dabei kommt der Wasserkraft weiterhin die größte Bedeutung zu. Denn sie ist als einziger regenerativer Energieträger auch in unseren Breiten wirtschaftlich und zuverlässig einsetzbar.

Im globalen Rahmen können allerdings auch Windenergie und Photovoltaik einen wichtigen Beitrag zur dezentralen Elektrizitätsversorgung in abgelegenen, klimatisch günstigen Regionen leisten. Dies gilt besonders für die Entwicklungs- und Schwellenländer mit ihrer unterentwickelten Stromversorgung bei hohen bedarfsseitigen Wachstumsraten. Bei der Nutzung und Fortentwicklung regenerativer Energien geht es uns also nicht nur darum, die vorhandenen Möglichkeiten im eigenen Land so gut wie möglich auszuschöpfen. Ebenso wichtig ist die

Weiterentwicklung und Erprobung der entsprechenden Technologien im Hinblick auf ihre Anwendung in Regionen mit günstigeren klimatischen Verhältnissen.

Bei RWE Energie hat man schon früh erkannt, daß es sinnvoll ist, regenerative Energien für die Stromerzeugung einzusetzen. Bereits seit 1906 erzeugt RWE elektrischen Strom aus Wasserkraft. Seit 1979 beschäftigen wir uns intensiv mit der Nutzung und Weiterentwicklung der Stromerzeugung aus Sonnenenergie. Versuche zur Nutzung der Biomasse werden in unserem Unternehmen seit 1992 durchgeführt. Durch Verbesserung der Anlagentechnik ist die Windenergienutzung mittlerweile auch in unserem Versorgungsbereich interessanter geworden. Daher untersuchen wir auch diese Form der Energieerzeugung seit 1993. Bei all unseren Aktivitäten – insbesondere im Bereich von Forschung und Entwicklung – suchen wir in der Regel die Kooperation mit nationalen und internationalen Partnern, um so die Erfahrung und Innovationskraft kompetenter Spezialisten zu bündeln. Hier bietet gerade der breit diversifizierte RWE-Konzern erhebliche Potentiale zur Nutzung von Synergien.

Wasserkraft

Bei der Nutzung der Wasserkraft werden durch die Errichtung von Stauanlagen, Wehren und Talsperren Wasserreservoire geschaffen, die dann als Energiespeicher zur Verfügung stehen. Zur Stromerzeugung läßt man das gespeicherte Wasser über Wasserturbinen aus dem Stausee abfließen. Solche Speicherkraftwerke können in Zeiten erhöhten Strombedarfs gezielt eingesetzt werden, ansonsten stehen sie still. Laufwasserkraftwerke hingegen, die mit ihren Turbinen die Fließenergie des Flußwassers unmittelbar ausnutzen, liefern rund um die Uhr Strom. Überschüssige Wassermassen werden nicht gespeichert, sondern fließen ungenutzt über die Wehranlage ab. Moderne Anlagen setzen über 90 Prozent der Ausgangsenergie in elektrische Energie um. Die Leistungen von Wasserkraftanlagen, die mit einer oder mehreren Turbinen ausgerüstet sein können, reichen von wenigen Kilowatt bis zu mehreren tausend Megawatt.

Da die Errichtung von Wasserkraftanlagen geeignete Flüsse voraussetzt, ist die Wasserkraftnutzung in hohem Maße standortabhängig. Darüber hinaus ist das Angebot an Wasserkraft auch zeitlich nicht gleichbleibend. Denn die Wasserführung der Flüsse ist täglichen und saisonalen Schwankungen unterworfen. Hohe Energiedichten – also hohe Energieausbeute konzentriert auf einen Kraftwerksstandort – lassen sich nur dort realisieren, wo große Wassermengen bei hinreichendem Gefälle zur Verfügung stehen.

Ungeachtet dieser Schwierigkeiten ist die Wasserkraft der kostengünstigste regenerative Energieträger. Die Stromerzeugungskosten liegen zwischen 3 Pfennig (Großanlagen) und 15 Pfennig (Kleinanlagen) pro Kilowattstunde. Damit liegt die Wasserkraftnutzung wirtschaftlich im Bereich der konventionellen Kraftwerke, deren Stromerzeugungskosten 5 bis 10 Pfennig pro Kilowattstunde betragen.

Das Potential der Wasserkraftnutzung in Deutschland für die Stromerzeugung ist weitgehend ausgeschöpft

Das Potential zum Ausbau der Wasserkraftnutzung in Deutschland ist mit heute 3,6 Prozent Wasserkraftanteil an der Stromerzeugung (Stand 1994) bereits weitestgehend ausgenutzt. Wasserkraftanlagen mit einer Gesamtleistung von 4500 Megawatt liefern jährlich 17,5 Milliarden Kilowattstunden Strom. Bis zum Jahr 2005 wird durch den Zubau weiterer Kleinwasserkraftwerke lediglich eine geringfügige Steigerung auf 4 Prozent, bezogen auf das Gesamtstromaufkommen von 1994, erwartet. Die Wasserkraft ist der erneuerbare Energieträger, der kurz- und mittelfristig auch weltweit den größten Beitrag zur Stromversorgung leisten kann. Bereits jetzt liegt der weltweite Anteil der Wasserkraft an der Gesamtstromerzeugung bei etwa 18 Prozent. Allerdings ist vom technisch nutzbaren Potential der Wasserkraft weltweit nur rund ein Viertel ausgeschöpft. Erhebliche Ausbaupotentiale bestehen noch in Asien, Südamerika und den GUS-Staaten. Angesichts fehlender Versorgungsinfrastruktur, steigenden Energiebedarfs, offener Märkte für Erzeuger sowie zunehmender Privatisierungstendenzen bestehen in diesen Regionen für Versorgungsunternehmen Chancen, sich über Beteiligungen und Betriebsführung künftig auch im Ausland zu engagieren.

Bei RWE Energie und seinen Beteiligungsgesellschaften trugen 1994 über hundert Laufwasserkraftwerke mit einer Gesamtleistung von

800 Megawatt und einer jährlichen Erzeugung von rund 4 Milliarden Kilowattstunden knapp 4 Prozent zu unserer gesamten Stromerzeugung bei. In unserer Strategie zur weiteren Nutzung der Wasserkraft konzentrieren wir uns im Inland auf die Ertüchtigung vorhandener Anlagen. Durch den Einsatz moderner Technik können in den vorhandenen Anlagen bis zu 40 Millionen Kilowattstunden pro Jahr Mehrerzeugung erreicht werden. Das Potential für den Neubau von Anlagen schätzen wir im Bereich der RWE Energie und ihrer Beteiligungsgesellschaften auf etwa 50 Megawatt beziehungsweise eine jährliche Stromerzeugung von 100 Millionen Kilowattstunden ein. Im internationalen Bereich bezieht RWE Energie über die Beteiligung an einem Seekabelprojekt norwegische Wasserkraftenergie in Spitzenlastzeiten und liefert im Gegenzug in Schwachlastzeiten Strom aus thermischen Kraftwerken. Diese Form des Stromaustausches verbindet wirkungsvoll die unterschiedlichen Stärken der beiden Stromversorgungssysteme in Norwegen und Deutschland.

Windenergie

Windkraftanlagen entziehen dem Wind die Bewegungsenergie mit Hilfe eines Windrotors und wandeln diese in elektrische Energie um. Dabei setzen die heute betriebenen Windkraftanlagen 45 Prozent der Windenergie in Strom um. Die Leistungen marktüblicher Anlagen reichen von wenigen Kilowatt bis zu mehreren hundert Kilowatt.

Auch die Windenergie ist regional nicht beliebig verfügbar. Die höchsten Windgeschwindigkeiten treten an den Küsten auf, weiter landeinwärts nehmen sie ab. Die starken täglichen und saisonalen Schwankungen des Aufkommens an Windenergie schränken ihre Nutzung weiter ein. Die Windkraft ist außerdem durch eine geringe Energiedichte gekennzeichnet, da sie über große Flächen verteilt ist und daher auch über große Flächen aufgefangen werden muß. Großer Flächenbedarf bedeutet aber hohen Materialaufwand, was nicht zuletzt hohe Investitionskosten für Windkraftanlagen mit sich bringt.

Die Windenergie ist nach der Wasserkraft die zweitgünstigste Form der Stromerzeugung aus regenerativen Energien. Ihre Erzeugungskosten liegen derzeit in Deutschland bei 15 bis 20 Pfennig pro Kilowattstunde

Montage einer 500-Kilowatt-Windkraftanlage in Kirf-Meurich

Foto: RWE Energie AG

im Küstenbereich und bei 20 bis 50 Pfennig pro Kilowattstunde im Binnenland. Strom aus Windenergie ist also je nach Standort etwa drei- bis fünfmal so teuer wie konventionell erzeugter Strom.

In der Bundesrepublik Deutschland waren Ende 1994 etwa 640 Megawatt Windenergieanlagen am Netz. Damit ist Deutschland das Land mit der größten installierten Windkraftleistung in Europa. Mit einer Stromerzeugung von etwa 1 Milliarde Kilowattstunden trugen die bestehenden Anlagen 0,2 Prozent der deutschen Stromerzeugung bei. Die meisten Anlagen wurden aufgrund der Windverhältnisse in den norddeutschen Bundesländern installiert.

Das technische Potential zum weiteren Ausbau der Windenergie ist relativ hoch. Die Schätzungen reichen von 3 bis 16 Prozent der Stromerzeugung in Deutschland im Jahr 1994. Allerdings dürfte die Akzeptanz in der Bevölkerung bei einem weiteren Ausbau sinken. So sehen nicht wenige im äußeren Erscheinungsbild der modernen „Windmühlen" eine Beeinträchtigung des gewohnten Landschaftsbildes. Anwohner empfinden die von den drehenden Rotoren gelegentlich ausgehenden Lichteffekte, sogenannte „Disco-Effekte", oft als störend. Daher erscheint aus heutiger Sicht in Deutschland bis 2005 ein Ausbau der Windenergienutzung auf knapp 2 Prozent der Stromerzeugung von 1994 realistisch.

Im Inland liegt der Schwerpunkt der Aktivitäten von RWE Energie auf der Unterstützung von Forschung und Entwicklung zur Windenergienutzung durch die Errichtung und den Betrieb von Demonstrationsanlagen. Dazu betreiben wir derzeit drei entsprechende Anlagen mit Leistungen zwischen 300 und 600 Kilowatt in Kirf-Meurich, Rheinland-Pfalz, und in Vollrath im rheinischen Braunkohlerevier. Gemeinsam mit einem großen deutschen Hersteller entwickeln wir eine Anlage mit einer Leistung von 1,5 Megawatt unter dem speziellen Gesichtspunkt der Binnenlandnutzung. Vorgesehener Standort ist Stemwede in Nordrhein-Westfalen. Dabei verfolgen wir die Zielsetzung, die Wirtschaftlichkeit zukünftiger Anlagen zu verbessern. Außerdem wollen wir uns an einem Testfeld für acht Windkraftanlagen bei Grevenbroich beteiligen und im Rahmen dieser Beteiligung Ingenieurdienstleistungen auf dem Gebiet der Windenergienutzung bereitstellen.

Darüber hinaus arbeiten wir an einem Programm zur Ermittlung des Flächenpotentials der weiteren Windkraftnutzung. In enger Abstimmung mit den Kommunen in unserem Versorgungsgebiet wollen wir durch die Erstellung von Windkarten und Überprüfung von Netzanschlußmöglichkeiten Hilfsmittel zur Verfügung stellen, die es ermöglichen, zukünftige Standorte für Windkraftanlagen in Flächennutzungsplänen auszuweisen. Hierdurch können Potentiale besser abgeschätzt, Genehmigungszeiträume verkürzt und der weitere Ausbau der Windenergie im Sinne aller Beteiligten gezielter betrieben werden. Im Rahmen unserer Auslandsstrategie führen wir zur Zeit in einem Gemeinschaftsprojekt mit dreizehn weiteren großen europäischen Versorgungsunternehmen eine Studie durch, die die technische Machbarkeit, Wirtschaftlichkeit und Akzeptanz eines 100-Megawatt-Großwindparks untersucht.

Photovoltaik

Photovoltaische Systeme wandeln das Sonnenlicht über Solarzellen unmittelbar in elektrischen Strom um. Die Stromausbeute ist dabei aufgrund des in der Praxis erreichten Wirkungsgrades von maximal 15 Prozent heute allerdings noch gering. Die Leistungen heutiger Photovoltaikanlagen reichen von wenigen Watt bis zu einigen Megawatt. Vor allem in Nischenmärkten – Parkscheinautomaten, Berghütten, Autobahnen oder Camping – kann die Photovoltaik bereits heute durchaus sinnvoll und wirtschaftlich eingesetzt werden.

Ähnlich wie bei der Windenergie ist die zeitliche Verfügbarkeit der Sonnenenergie schon allein durch die Tag-Nacht-Wechsel sowie die

Sommer- und Winterunterschiede stark eingeschränkt. Auch die geringe Energiedichte der Sonneneinstrahlung erschwert deren Nutzung im großtechnischen Rahmen aufgrund der damit einhergehenden hohen Investitionskosten.

Die Photovoltaik ist derzeit die teuerste Form der regenerativen Stromerzeugung. Die Stromerzeugungskosten liegen zwischen 80 Pfennig (Südeuropa) und 2 DM (Deutschland) pro Kilowattstunde. Je nach Region erfordert die photovoltaisch erzeugte Kilowattstunde Strom somit rund das 10- bis 30fache der herkömmlichen Erzeugungskosten. Dabei muß betont werden, daß die heutigen Marktpreise der Photovoltaikhersteller aufgrund des herrschenden Überangebotes an Produktionskapazitäten nicht kostendeckend sind. Würden kostendeckende Preise auf dem Weltmarkt erzielt, so wären die Stromerzeugungskosten der Photovoltaik um mindestens nochmals 50 Prozent höher.

Insgesamt waren 1994 in Deutschland Photovoltaikanlagen mit einer Leistung von nahezu 11 Megawatt und einer jährlichen Stromerzeugung von über 4 Millionen Kilowattstunden in Betrieb. Dies entspricht 0,001 Prozent des deutschen Strombedarfs von 1994. Das technisch nutzbare Potential wird sehr unterschiedlich eingeschätzt. Die Schätzungen für den möglichen Beitrag der Photovoltaik zur Stromerzeugung schwanken zwischen 3 und 57 Prozent, bezogen auf das Gesamtstromaufkommen von 1994. Realistisch betrachtet wird jedoch aufgrund der hohen Kosten auf absehbare Zeit in Deutschland kein wesentlicher Beitrag der Photovoltaik zur Stromerzeugung erwartet, etwa 0,01 Prozent bis zum Jahr 2005. Anders ist die Einschätzung für den Sonnengürtel der Erde, zum Beispiel für Indonesien, Indien, Afrika und Südamerika. Hier kann die Photovoltaik einen wichtigen Beitrag leisten. In diesen sonnenreichen, häufig ländlich strukturierten oder netzfernen Regionen können wartungsfreie Solaranlagen weniger umweltfreundliche Systeme ersetzen oder überhaupt erst die Bereitstellung elektrischen Stroms ermöglichen.

Vorrangige Ziele der Weiterentwicklung der Photovoltaiknutzung sind die weitere Verbesserung der Wirkungsgrade sowie die Senkung der Herstellungskosten von Solarzellen. RWE Energie betreibt dazu drei große Photovoltaikversuchsanlagen: Kobern-Gondorf (340 Kilowatt), Neurather See (360 Kilowatt) und Toledo (1000 Kilowatt). Damit ist das Unternehmen einer der größten Photovoltaikstromerzeuger in Deutschland. Während die Anlage in Kobern-Gondorf zur Untersuchung verschiedener Systemkomponenten von Herstellern aus den USA, Frankreich, Japan und Deutschland dient, soll die Anlage am Neurather See vor allem unterschiedliche Möglichkeiten zur Kostenreduzierung aufzeigen.

Hauptziel des Toledo-Projektes ist der Betrieb einer großen netzgekoppelten Photovoltaikanlage mit einer hinsichtlich Zuverlässigkeit und Kostensenkung weiterentwickelten Technik. Außerdem soll im Rahmen dieses Projektes das Zusammenwirken der Photovoltaikanlage mit dem benachbarten Laufwasserkraftwerk im ergänzenden Betrieb bewertet werden. Für die Erschließung geeigneter internationaler Zielmärkte für Photovoltaikanlagen arbeiten wir gemeinsam mit anderen Energieversorgungsunternehmen an einer Studie und einem Demonstrationsprojekt zum Einsatz der Photovoltaik in Indonesien. Schwerpunkt des Projektes ist die Bereitstellung von 1000 Klein-Photovoltaikanlagen, sogenannten Solar Home Systems, zur dezentralen Versorgung von Haushalten in entlegenen Gebieten. Als weiteres Beispiel kann die Versorgung des Karatuhospitals in Tansania mit einem Photovoltaiksystem genannt werden.

Darüber hinaus erproben wir netzgekoppelte Photovoltaikanlagen auch bei unseren Kunden. So hat die RWE Energie zum Beispiel in einer Essener Siedlung erstmalig in Europa 25 netzgekoppelte Photovoltaikanlagen auf den Hausdächern von Kunden in Verbindung mit sechs Warm-

Solarsiedlung Essen
Foto: RWE Energie AG

wasser-Solarkollektoranlagen und einen Solarstrom-Container geplant und realisiert. Außerdem erhalten bei uns Kunden, die den Wunsch haben, eine eigene Solaranlage – zum Beispiel auf dem Dach ihres Eigenheims – zu errichten, aus unserem Programm KesS (Kunden-Energiespar-Service) Solar einen Zuschuß. Das Programm ist mit 20 Millionen DM dotiert.

Biomasse

Als Biomasse bezeichnet man pflanzliche Reststoffe wie Holzabfälle und Stroh, gezielt angebaute „Energiepflanzen" sowie Bio-, Klär- und Deponiegase. Die in der Biomasse chemisch gebundene Energie wird in der Regel durch Verbrennung wieder freigesetzt. Erneuerbare Energieträger aus Biomasse sind prinzipiell speicherbar und damit in Verbindung mit einer entsprechenden Logistik aufkommensunabhängig verfügbar.

Untersuchungen über die Wirtschaftlichkeit des Einsatzes von Biobrennstoffen in Kraftwerken zeigen, daß diese bei den heutigen Preisen gegenüber fossilen Energieträgern nicht wettbewerbsfähig sind. Der spezifische Investitionsaufwand für Anlagen zur Verbrennung von Biomasse ist im Vergleich zu konventionellen Anlagen erheblich höher. Für eine Zumischung fester Biobrennstoffe in vorhandenen Kraftwerken besteht jedoch in Einzelfällen die Aussicht auf Wirtschaftlichkeit. Dazu haben wir bei RWE Energie in Versuchsanlagen die technische Machbarkeit der Mitverfeuerung von Stroh in unseren Braunkohlekraftwerken nachgewiesen.

Zur Stromerzeugung aus Biomasse werden heute in Deutschland im wesentlichen Bioabfälle sowie Bio-, Klär- und Deponiegase genutzt. In der Regel wird damit der Eigenbedarf der jeweiligen Entsorgungsbetriebe gedeckt. Gemessen am Stromaufkommen im öffentlichen Versorgungsnetz war der Beitrag der Biomasse 1994 mit einer Einspeisung von weniger als 600 Millionen Kilowattstunden, das sind 0,1 Prozent des Gesamtaufkommens, noch sehr gering. Denn die Nutzung der Biomasse steht in der Bundesrepublik erst am Anfang ihrer Entwicklung. Ende 1994 wurden über 500 Anlagen mit einer Gesamtleistung von 275 Mega-

Die Verfeuerung von Biomasse in Kraftwerken ist bei heutigen Preisen fossiler Energieträger nicht wirtschaftlich

watt gezählt, von denen allerdings mehr als 400 Deponiegas- und Kläranlagen waren.

Biomasse kann mittelfristig einen wachsenden Beitrag zur Energieversorgung – besonders der gekoppelten Strom- und Wärmeversorgung in ländlichen Gebieten – leisten. Die Nutzung landwirtschaftlicher Stillegungsflächen zum Energiepflanzenanbau und die Verwertung von Resten aus der Forst- und Holzwirtschaft werden als vielversprechende Möglichkeiten angesehen. Das Potential der Biomasse wird vom Bundeslandwirtschaftsministerium mit etwa 1 bis 2 Prozent des Primärenergiebedarfs angegeben. Allerdings ist darin nicht nur die direkte Stromerzeugung aus Biomasse, sondern auch die Herstellung flüssiger und gasförmiger Biobrennstoffe enthalten.

Regenerative Energieträger als Wunschenergie

Ungeachtet der hohen Kosten und beschränkten Potentiale bestehen in der Öffentlichkeit hohe Erwartungen bezüglich des weiteren Ausbaus der regenerativen Stromerzeugung in Deutschland. Da die Wasserkraftnutzung in Deutschland bereits einen hohen Ausbaustand erreicht hat, wird der verstärkte Einsatz regenerativer Energien vor allem im Bereich der Wind- und Sonnenenergie gefordert. Wind- und Sonnenenergie sollen zunehmend an die Stelle der konventionellen Energieträger treten.

Aufgrund der schwankenden Angebotssituation sind Sonne und Wind jedoch grundsätzlich nicht in der Lage, konventionelle Kraftwerksleistung zu ersetzen. Da Strom sich im großtechnischen Maßstab bislang nicht wirtschaftlich speichern läßt, können die kurzfristigen Angebotsschwankungen von Wind- und Sonnenenergie kaum ausgeglichen werden. Vor dem Hintergrund der gerade für Industriebetriebe zu gewährleistenden hohen Versorgungssicherheit kann daher bei der Stromerzeugung aus diesen beiden regenerativen Energieträgern auf die Bereitstellung entsprechender konventioneller Kraftwerkskapazitäten nicht verzichtet werden. Lediglich die Kosten beim Betrieb dieser Kraftwerke erforderlicher Einsatzstoffe lassen sich durch die Nutzung von Wind- und Sonnenergie vermeiden. Allerdings stehen den vermiedenen Einsatzstoffkosten in Höhe von etwa 4 bis 5 Pfennig pro Kilowattstunde dann

Stromerzeugungskosten bis zu 2 DM pro Kilowattstunde, etwa bei Sonnenenergie, gegenüber. Außerdem muß aufgrund der geringen Energiedichte ein hoher Flächenverbrauch durch Wind- und Photovoltaikanlagen in Kauf genommen werden.

Die Nutzung erneuerbarer Energiequellen wird in der öffentlichen Diskussion jedoch nicht nur unter den Gesichtspunkten von Machbarkeit, Effizienz, Wirtschaftlichkeit und Umweltverträglichkeit betrachtet. Gesellschaftspolitische und umweltpolitische Aspekte spielen eine immer stärkere Rolle. Die Energieversorgungsunternehmen stehen dabei in dem Ruf, die regenerativen Energien eher verhindern als fördern zu wollen. Daß dies ihrem Ansehen schadet, kann nicht übersehen werden.

Dabei halten auch wir bei RWE Energie die regenerativen Energieträger als langfristige Zukunftsoption für die Stromversorgung für unerläßlich. Daher unterstützen wir die Forschung und Entwicklung zum Beispiel durch die Errichtung und den Betrieb von Versuchsanlagen. Auf diesem Weg wollen wir Know-how gewinnen und erhalten, um auch weiterhin auf allen Gebieten der Stromerzeugung kompetent zu sein. Angesichts der begrenzten Potentiale für regenerative Energien in Deutschland prüfen wir dabei verstärkt Beteiligungen an Projekten im Ausland, die kurz- und mittelfristig bereits einen wirtschaftlichen Einsatz der erneuerbaren Energien ermöglichen.

Neben privatwirtschaftlichen Initiativen sorgen auch gezielte Förderprogramme von Bund und Ländern für eine Unterstützung der Weiterentwicklung und Markteinführung regenerativer Energietechnologien. Nach dem im Jahr 1991 verabschiedeten Stromeinspeisegesetz zahlt RWE Energie heute für Stromeinspeisungen aus regenerativen Energiequellen bis zu 17,21 Pfennig pro Kilowattstunde. Diese Vergütungen liegen deutlich über den durch die Einspeisungen vermiedenen Kosten in Höhe von etwa 4 bis 5 Pfennig pro Kilowattstunde. Die durch die Einspeisevergütung entstehenden Mehrkosten müssen auf den Strompreis umgelegt werden. Mit anderen Worten: unsere Stromkunden subventionieren die Stromerzeugung auf Basis regenerativer Energien mit durchschnittlich 12 Pfennig pro eingespeister Kilowattstunde. Eine Vollkostenerstattung beispielsweise für Solarstrom würde Subventionen bis zu fast 2 DM pro

Kilowattstunde erfordern und unseren Kunden noch größere Lasten aufbürden. Wir meinen, daß das energiepolitische Ziel der Förderung regenerativer Energien besser offen durch den Staatshaushalt gefördert werden sollte und nicht durch verdeckte einseitige Belastungen der Stromkunden.

Fazit

Angesichts der begrenzten Potentiale, hohen Kosten und technischen
Restriktionen kann die Stromversorgung eines Industrielandes mittelfristig nicht allein auf der Grundlage erneuerbarer Energieträger bereitgestellt werden. Wer dies behauptet, handelt unverantwortlich, weil Erwartungshaltungen geweckt werden, die auf absehbare Zeit unerfüllbar sind.
Wir werden nicht umhinkommen, auch künftig auf den bewährten Energie-Mix aus Kohle, Kernenergie und erneuerbaren Energien zu setzen.

Dabei sprechen die Umweltfreundlichkeit und Emissionsfreiheit
eindeutig für die regenerative Komponente in der Stromerzeugung. Auch
heute schon ist die regenerative Stromerzeugung in Teilen wirtschaftlich:
Wasserkraft seit jeher und weltweit, Windkraft mit steigender Tendenz
und Photovoltaik regional begrenzt. Und fast noch wichtiger ist: Ungeachtet ihrer technischen und wirtschaftlichen Potentiale muß die Stromerzeugung aus regenerativen Energieträgern als eine Erweiterung des
klassischen Bedürfniskatalogs aus Wohlstand, Sicherheit und Gesundheit
um eine umweltbezogene Komponente ernstgenommen werden. Der Einsatz erneuerbarer Energien wird damit ein neuer und wahrscheinlich
dauerhafter Bestandteil der Ansprüche unserer Kunden an unser Handeln
als Versorgungsunternehmen. Wir sind gefordert und bereit, nicht nur die
Probleme aufzuzeigen, sondern auch Lösungen anzubieten. Künftig gilt
es daher – neben einer verbesserten und intensiven Aufklärungsarbeit –,
über neue Wege der Förderung regenerativer Energieträger nachzudenken. Entscheidend wird dabei sein, inwieweit es gelingt, die Bevölkerung,
das heißt die Stromkunden unmittelbar und auf breiter Basis mit einzubeziehen.

Unser neuer Umwelttarif ist ein erster Schritt in diese Richtung.
Eine Meinungsumfrage hat bestätigt, daß ein großer Teil der Kunden von

RWE Energie bereit ist, freiwillig einen höheren Strompreis zu bezahlen, wenn dafür mehr Strom aus regenerativen Energien gewonnen wird. Diese Kunden können nun über den Umwelttarif aktiv und direkt zum weiteren Ausbau regenerativer Energien beitragen. Der Kunde bezahlt dann für eine frei gewählte Menge Kilowattstunden einen Preis, der um 20 Pfennig pro Kilowattstunde höher liegt als der normale Tarif. Diesen Mehrkostenbeitrag des Kunden wird RWE Energie um einen Eigenbeitrag von ebenfalls 20 Pfennig pro Kilowattstunde erhöhen. Insgesamt hat RWE Energie als eigenen Beitrag im Programm „Umwelttarif" zunächst 20 Millionen DM vorgesehen. Das Aufkommen des Umwelttarifs wird zur Deckung der Mehrkosten für zusätzliche Anlagen auf regenerativer Basis – Windkraft-, kleinerer Wasserkraft- und Photovoltaikanlagen – eingesetzt. Jeder Kunde erhält jährlich einen Bericht über die von ihm mitfinanzierten Aktivitäten. Dadurch wird Transparenz gewährleistet und die Kommunikation in diesem Themenbereich intensiviert.

Regenerative Energien sind die „Wunschenergien der Bundesbürger". Dies ist eine ernstzunehmende Herausforderung und Chance für ein Versorgungsunternehmen wie RWE Energie, das sich zunehmend als kundenorientiertes Dienstleistungsunternehmen versteht. Der Anteil der regenerativen Energien an unserer Stromerzeugung wird deshalb in den nächsten Jahren überproportional wachsen. Die dazu notwendigen Fördermaßnahmen müssen aber mit Augenmaß gestaltet werden. Insbesondere dürfen dabei die politischen Bestrebungen in Richtung Deregulierung und Verstärkung des Wettbewerbs in der Stromwirtschaft nicht übersehen werden. Politik und Wirtschaft sind aufgefordert, gemeinsam tragfähige, alle Aspekte berücksichtigende Lösungen zu erarbeiten.

Perspektiven regenerativer Energien in Deutschland aus Sicht der Wissenschaft

Von Martin Kaltschmitt und Andreas Wiese

In den energiewirtschaftlichen Diskussionen nimmt die Nutzung regenerativer Energien einen breiten Raum ein. Vor diesem Hintergrund zeigen wir den Stand und die Perspektiven der Nutzung regenerativer Energien für die Energieversorgung Deutschlands auf. Dabei geben wir einen Überblick über alle in Deutschland sinnvoll nutzbaren erneuerbaren Energien, stellen ihre technischen Potentiale dar, erörtern ihre derzeitige Nutzung und gehen auf die entsprechenden Energiebereitstellungskosten ein. Auch werden ausgewählte Umwelteffekte diskutiert. Abschließend erörtern wir die Möglichkeiten einer weitergehenden Nutzung dieses regenerativen Energieangebots vor dem Hintergrund der energiewirtschaftlichen Gegebenheiten in Deutschland.

In Deutschland lag der Primärenergieverbrauch im Jahr 1994 bei etwa 14 Exajoule, das sind 14 Trillionen Joule, eine Zahl mit 18 Nullen. Dieser Primärenergieverbrauch wird zu knapp 41 Prozent aus Mineralöl, rund 28 Prozent aus Kohle, knapp 19 Prozent aus Erdgas und rund 10 Prozent aus Kernenergie gedeckt. Der verbleibende Rest von weniger als 2 Prozent resultiert aus regenerativen Energien; mit rund 0,8 Prozent nimmt davon die Wasserkraft den größten Anteil ein. Der verbleibende Rest wiederum stammt überwiegend aus Holz, das heißt aus Brenn- und Industrierestholz.

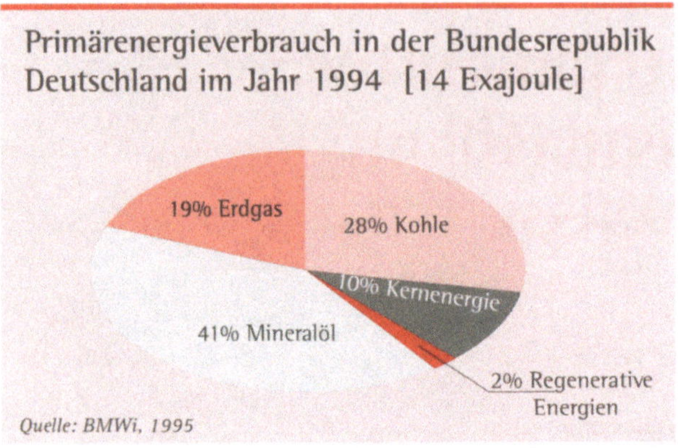

Diesem Primärenergieverbrauch stand im Jahr 1994 ein Endenergieverbrauch von 9 Exajoule gegenüber. Davon werden jeweils rund 27 Prozent von der Industrie, den Haushalten und dem Verkehr und weitere rund 17 Prozent von den Kleinverbrauchern und dem Militär nachgefragt. Zur Deckung dieses Endenergieverbrauchs tragen Kohlen mit 7,3 Prozent, Kraftstoffe mit 29,3 Prozent und Heizöl mit 18,1 Prozent, Gase mit 23,5 Prozent und Strom mit 17,1 Prozent bei. Den Rest bilden Fernwärme mit 4 Prozent und Sonstige mit 0,6 Prozent. Unter letzteren werden auch die regenerativen Energien zusammengefaßt.

Unabhängig von dieser geringen und im Kontext des Energiesystems in Deutschland fast zu vernachlässigenden Nutzung werden in die regenerativen Energien vor dem Hintergrund der aktuellen Energie- und Klimadiskussion große Hoffnungen gesetzt. Bei einem Ersatz fossiler durch regenerative Energieträger wird eine Reduktion der mit einer Nutzung fossiler Energien verbundenen Umweltauswirkungen erwartet. Außerdem befinden sich die Nutzungstechniken erneuerbarer Energien allesamt mehr oder weniger in einem Entwicklungsprozeß, der sich zum Teil in der Industrie, zum guten Teil aber auch im wissenschaftlichen Umfeld vollzieht. Damit ist die Analyse und Bewertung der Möglichkeiten und Grenzen einer Nutzung erneuerbarer Energien weltweit und auch in Deutschland mehr denn je ein zentrales Thema energiewirtschaftlicher Diskussionen. Vor diesem Hintergrund ist es das Ziel der folgenden Ausführungen, Vergangenheit und Gegenwart der Nutzung erneuerbarer Energien kurz zu skizzieren und aus wissenschaftlicher Sicht einen Ausblick auf die mögliche zukünftige Entwicklung zu geben.

Rückblick

Die Nutzung regenerativer Energien zur Energienachfragedeckung ist nicht neu. Bis zum Beginn des Industriezeitalters war Biomasse und hier insbesondere Holz im wesentlichen die einzige Energieform, die zur Verfügung stand. Teilweise wurde zusätzlich die Wasserkraft mit Wasserrädern und die Windkraft mit Windmühlen genutzt.

Dies änderte sich mit der industriellen Revolution. Die Steinkohle gewann zunehmend an Bedeutung, bis sie – zumindest in den westlichen Industriestaaten – durch das Erdöl abgelöst wurde. Die Vorteile dieser Energieträger bezüglich Transport und Handhabung haben diese zu den wesentlichen heute genutzten fossilen Energieträgern gemacht. Entsprechend der Zunahme der Nutzung des fossilen Energieangebots ging – zumindest in der westlichen Welt – der Einsatz regenerativer Energien zurück.

Nach dem Zweiten Weltkrieg war Deutschland geprägt durch Mangelwirtschaft und Energieknappheit. Dies unterstützte die Suche nach Alternativen für die Energiebereitstellung. Diese Zeit war deshalb unter anderem geprägt durch das Fällen von Alleebäumen zur Brennholzgewinnung, den Bau und Betrieb landwirtschaftlicher Biogasanlagen, durch Holzvergaser für Kraftfahrzeuge und weitere, aus der Not geborener Nutzungsvarianten regenerativer Energien. Mit der zunehmenden Festigung der Bundesrepublik Deutschland als eigenständigem Staat und infolge des „Wirtschaftswunders" ging die Nutzung solcher Möglichkeiten aber sukzessive bis fast zur Bedeutungslosigkeit zurück. Das billig und fast unbegrenzt verfügbare Öl wurde zum wesentlichen Energieträger. Bis Anfang der 70er Jahre waren deshalb auch regenerativen Energien weder in der Öffentlichkeit noch bei Fachleuten ein bestimmendes Thema.

Mit dem ersten Ölpreisschock 1973/74 und den davon ausgehenden Folgen veränderte sich dies schlagartig. Die Abhängigkeit der Volkswirtschaft vom billigen und jederzeit verfügbaren Öl wurde überdeutlich. Die Erkenntnis von der Endlichkeit der Ressourcen der fossilen Energieträger setzte sich auf breiter Front durch, unterstützt auch durch die Arbeiten des Club of Rome. Die staatliche Antwort auf diese Situation hieß „Energie sparen", zum Beispiel durch autofreie Sonntage. Gleichzeitig wurde

Energiemangel der Nachkriegszeit machte erfinderisch

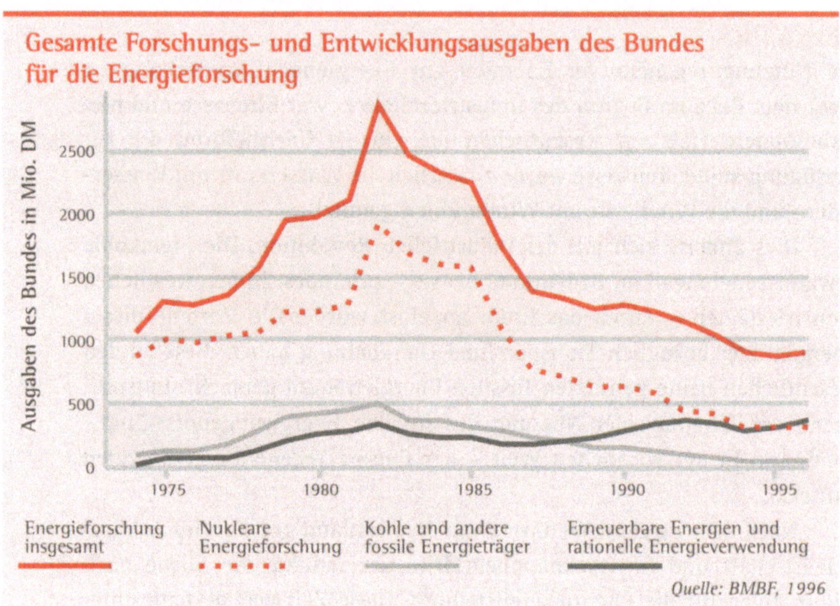

die Suche nach alternativen Energiequellen intensiviert. Das Ziel staatlicher Energiepolitik war eine Verminderung der Importabhängigkeit bei gleichzeitiger Diversifizierung der Energieversorgung. Hier kamen die erneuerbaren Energien in die Diskussion – primär unter dem Aspekt der heimischen und damit krisensicheren Energiegewinnung. Dies wirkte sich auch auf die staatliche Förderpolitik aus. Ab 1974 wurden zum ersten Mal Gelder in Forschungs- und Entwicklungsvorhaben für derartige Optionen vom damaligen Bundesministerium für Forschung und Technologie (BMFT), dem heutigen Bundesministerium für Bildung, Wissenschaft, Forschung und Technologie (BMBF), bereitgestellt.

Hinsichtlich des Technikbildes waren auch die 70er Jahre noch weitgehend geprägt von der Vorstellung der (groß)technischen Lösbarkeit (fast) aller Probleme; damit waren auch die Anstrengungen für eine Entwicklung und Nutzung erneuerbarer Energien gekennzeichnet durch einen großtechnischen Ansatz. Entsprechend wurde beispielsweise die

Entwicklung von Großwindkraftanlagen im Megawattbereich und von Solarturmkraftwerken vorangetrieben. Auch wurden Konzepte einer Wasserstoffproduktion in der Zentralsahara und eines Transportes dieser Energie nach Mitteleuropa entwickelt.

Dabei ging die Forderung um die verstärkte Nutzung regenerativer Energien einher mit der gleichzeitigen Protestwelle gegen die friedliche Nutzung der Kernenergie. Dabei dürfte die Ablehnung der Kernkraftnutzung zu weiten Teilen zunächst durch den Protest gegen das Establishment und gegen Großtechnologie im allgemeinen motiviert gewesen sein. Da die regenerativen Energien im Regelfall relativ autark und auch beim großtechnischen Ansatz in vergleichsweise kleinen und überschaubaren Einheiten die Energiebereitstellung lokal ermöglichen, erfüllten sie gleichzeitig indirekt auch die Forderungen der Anti-Kernkraft-Bewegung; dies führte zusätzlich zu einem verstärkten Eingang dieser Optionen in die öffentlichen Diskussionen.

Diese bereits Ende der 70er Jahre erkennbaren Tendenzen verstärkten sich mit der zweiten Ölpreiskrise 1979/80. Die erneute Verteuerung der Energie, die wieder deutlich werdende Unsicherheit und Abhängigkeit der Energieversorgung führte zu einer intensivierten Suche nach Alternativen. Die Begriffe „Energie sparen" und „Rationelle Energieanwendung" waren in aller Munde. Der Schwerpunkt der Forschungs- und Entwicklungsanstrengungen im Bereich der regenerativen Energien lag auf der Großtechnologie, unter anderem auf Großwindanlagen (GROWIAN). Die staatlichen Forschungs- und Entwicklungsanstrengungen des Bundes erreichten auf diesem Gebiet Anfang der 80er Jahre einen ersten vorläufigen Höhepunkt.

Gleichzeitig war die Debatte um das Waldsterben und damit die Diskussion um die energiebedingten Umweltauswirkungen in vollem Gange. Durch die daraus abgeleiteten Horrorszenarien, unter anderem kahler Mittelgebirgshänge, fand die Erkenntnis, daß eine Nutzung der fossilen Energieträger mit einer Vielzahl unerwünschter Nebenwirkungen auf Boden, Wasser und Luft verbunden ist, zunehmend Eingang in das Bewußtsein der Bevölkerung. Auch dies führte letztlich zu der Forderung nach einer verstärkten Nutzung der regenerativen Energieträger aufgrund deren relativer Umweltfreundlichkeit.

Gleichzeitig wurde der effiziente Einsatz der Energie durch eine Vielzahl unterschiedlicher Programme und Maßnahmen unterstützt. Diese Aktivitäten, die letztlich zu einer Entkopplung des Primärenergieeinsatzes vom Bruttosozialprodukt geführt haben, unterstützten auch – in der letzten Konsequenz – die Nutzung des regenerativen Energieangebots.

Der Ölpreisverfall 1985/86 und anfängliche Mißerfolge bei einzelnen Techniken und Verfahren, die größtenteils auf zu hohe Anfangserwartungen zurückzuführen sind, zum Beispiel bei der solarthermischen Wassererwärmung oder dem Wärmepumpeneinsatz, setzte den Bemühungen um den rationelleren Einsatz der Energie und der Schaffung eines Marktzuganges regenerativer Energien ein vorläufiges Ende, obwohl erste Erfolge infolge der immer gegebenen Zeitverzögerung – aufgrund des mit dem Anlaufen der verschiedenen Maßnahmen verbunden Zeitverschiebungseffektes – Mitte der 80er Jahre erkennbar waren. Zwar wurde ein Teil der langfristig angelegten Programme weitergeführt; auch die Anfang der 80er Jahre eingeschlagene Richtung in Energiewirtschaft und Energiepolitik wurde im wesentlichen beibehalten, unter anderem durch einen geringeren spezifischen Verbrauch der Kraftfahrzeuge oder der Wärmeschutzverordnung zur Senkung des Heizenergieeinsatzes; ebenso ist das Bewußtsein um die Endlichkeit der fossilen Reserven und Ressourcen nach wie vor latent präsent. Jedoch nahm der Energieverbrauch – Energie war ja jetzt wieder zu günstigen Preisen fast unbegrenzt verfügbar – langsam und stetig wieder zu. Die Bemühungen um die verstärkte Nutzung erneuerbarer Energien wurden dadurch zunächst wieder erschwert. Entsprechend gingen die Ausgaben des Bundes für Forschungs- und Entwicklungsvorhaben auf dem Gebiet des regenerativen Energieangebots und der rationellen Energieanwendung zurück.

Das Jahr 1986 ist in die Geschichte der Energieversorgung als das Jahr des Reaktorunfalls von Tschernobyl eingegangen. Nicht nur, daß die friedliche Nutzung der Kernenergie einen kaum wieder gutzumachenden Prestigeverlust in der Öffentlichkeit erlitt, auch der Glaube an die techni-

Die Endlichkeit fossiler Energieträger drang immer mehr ins Bewußtsein

sche Machbarkeit und die fehlerfreie Beherrschbarkeit der Großtechnik im allgemeinen wurde tief erschüttert. Für die Nutzung des regenerativen Energieangebots bedeutete dies einen gewaltigen Aufwärtsschub, nicht nur wegen der ausschließlichen Energiebereitstellung, sondern auch aufgrund der überschaubaren Kleintechnik. Dies schlug sich auch in den staatlichen Ausgaben für Forschungs- und Entwicklungsvorhaben nieder.

Das Ende der 80er Jahre war durch einen niedrigen Ölpreis und damit billige und reichlich vorhandene fossile Energie gekennzeichnet. Die Waldschadensdebatte trat in den Hintergrund und wurde durch die Diskussion um das Für und Wider der Nutzung der Kernenergie und – dies gewann zunehmend an Bedeutung – den möglichen Folgen einer Klimaveränderung abgelöst. Und damit traten die regenerativen Energien bei den öffentlichen Diskussionen verstärkt in den Blickpunkt des Interesses. Diese Situation ist auch noch Anfang bis Mitte der 90er Jahre gegeben.

Dieser kurze und gezwungenermaßen unvollständige Rückblick zeigt, daß das Interesse der Öffentlichkeit und damit des Staates – erkennbar an den Forschungsaufwendungen – an den erneuerbaren Energien immer dann besonders groß ist, wenn aufgrund besonderer Umstände, zum Beispiel Ölpreisschock oder Reaktorunfall, die Nutzung anderer Energieträger in Frage gestellt wird. Sind die Probleme gelöst oder nicht mehr aktuell und damit im Hintergrund, läßt das Interesse und damit auch die Förderung nach.

Wassertechnische Stromerzeugung

Für die direkte Stromerzeugung aus regenerativen Energien kommt in Deutschland insbesondere die Nutzung der Wasserkraft, der Windenergie und der Solarstrahlung in Frage. Die Technik zur Nutzung der Wasserkraft ist weitgehend ausgereift und seit vielen Jahrzehnten verfügbar. Sie ist weltweit im Einsatz und hat es ermöglicht, daß die Wasserkraft global gesehen einen wichtigen Beitrag zur Deckung der Stromnachfrage leistet. Die durch Wasserkraftwerke erzielbare Umwandlungswirkungsgrade der im Wasser enthaltenen Energie in elektrische Energie sind vergleichsweise hoch. Beispielsweise hat die Turbine als die Systemkomponente mit den größten Verlusten einen Wirkungsgrad bei Nennleistung zwischen 85 und 93 Prozent. Die Gesamtanlagenwirkungsgrade liegen bei Vollast bei über 80 Prozent, insbesondere bei Kleinwasserkraftwerken sind aber auch geringere Werte möglich. Aufgrund des erreichten hohen Stands sind nur noch geringe Verbesserungspotentiale gegeben. Durch eine veränderte Anlagenkonzeption, das heißt weniger Vollasttage und drehzahlvariabler Betrieb, ist aber eine meist jedoch nur geringe Steigerung der an einem Standort möglichen Stromerzeugung zu erreichen.

Potentiale

Das theoretische Potential der Wasserkraft in Deutschland liegt, ausgehend von den mittleren Niederschlagsmengen und dem davon abfließenden Anteil mit den jeweils gegebenen Höhen, bei rund 380 Petajoule pro Jahr, das sind 380 Billiarden Joule, eine Zahl mit 15 Nullen.

Unter dem theoretischen Potential ist dabei das maximale physikalische Energieangebot zu verstehen. Da wegen der prinzipiell unaufhebbaren technischen Schranken seine Aussagekraft begrenzt ist, wird hier zusätzlich das technische Potential dargestellt. Es beschreibt den Anteil des theoretischen Potentials, der unter Berücksichtigung der gegebenen technischen Restriktionen nutzbar ist.

Werden die technischen Restriktionen, unter anderem Fallhöhenschwankungen infolge von Wasserstandsänderungen, berücksichtigt, ergibt sich für Deutschland ein technisches Stromerzeugungspotential von etwa 24,7 Terawattstunden pro Jahr (1 Terawatt ist gleich 1 Billion Watt). Bezogen auf die Bruttostromerzeugung in Deutschland im Jahr 1994 von 525,9 Terawattstunden entspricht dies rund 4,7 Prozent. Aufgrund der topografischen Gegebenheiten und der Niederschlagsverteilung ist dieses Potential zum überwiegenden Teil im Süddeutschland gegeben. So sind etwa 80 Prozent in Bayern und Baden-Württemberg konzentriert.

Das technische Endenergiepotential errechnet sich aus dem Stromerzeugungspotential unter Berücksichtigung der mittleren Netzverluste zu rund 24 Terawattstunden pro Jahr. Bezogen auf den Endenergieverbrauch an elektrischer Energie, der 1994 etwa 1539 Petajoule betrug, entspricht dies rund 5,6 Prozent.

Nutzung

Der Anteil der erneuerbaren Wasserkraft an der gesamten Bruttostromerzeugung in Deutschland lag im Jahr 1994 bei etwa 3,5 Prozent. Die Erzeugung aus regenerativer Wasserkraft bei den öffentlichen Versorgungsunternehmen, der Deutschen Bahn AG und der Industrie summiert sich dabei auf rund 18,5 Terawattstunden pro Jahr. Die Einspeisung ins öffentliche Netz lag infolge des Eigenverbrauchs bei der Industrie und der Deutschen Bahn AG 1994 nur bei rund 17,6 Terawattstunden. Der entsprechende langjährige Mittelwert liegt – aufgrund der Unterschiede zwischen Naß- und Trokkenjahren – bei rund 18 Terawattstunden pro Jahr. Der Großteil dieser Erzeugung stammt aus größeren Anlagen insbesondere am Oberrhein. Nur ein kleiner Teil wird in Kleinanlagen bereitgestellt. Die Potentialausnutzung ist mit 75 Prozent bereits vergleichsweise hoch.

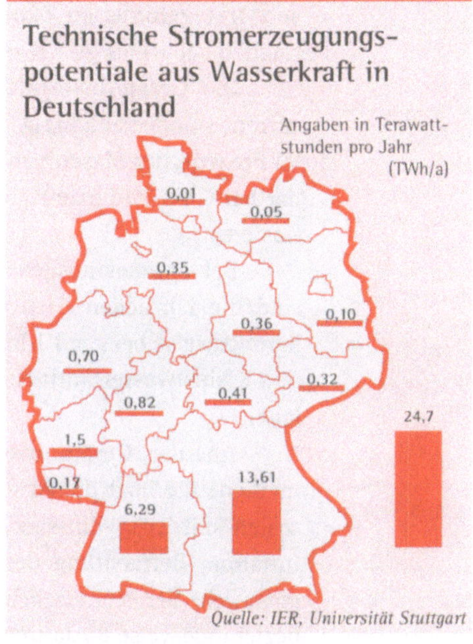

Quelle: IER, Universität Stuttgart

Kosten

Die bezogenen Gesamtinvestitionen für die Errichtung einer neuen Anlage liegen bei Leistungen unter einem Megawatt bei rund 10 000 bis 16 000 DM je Kilowatt und gegebenenfalls noch darüber. Sie sinken mit zunehmender installierter Leistung und variieren bei Leistungen von rund 10 Megawatt zwischen 8000 und 9000 DM je Kilowatt. Soll eine stillgelegte Anlage wieder funktionsfähig gemacht werden, sind die Aufwendungen im oberen Leistungsbereich mit etwa 3000 bis 8000 DM je Kilowatt geringer. Bei Kleinwasserkraftanlagen sind jedoch höhere Kosten möglich. Müssen demgegenüber nur die Maschinensätze ausgewechselt werden, sind bei größeren Anlagen rund 1000 DM und bei Kleinanlagen bis etwa 4000 DM je Kilowatt zu erwarten. Die Kosten für die verstärkt geforderten ökologischen Ausgleichsmaßnahmen können zusätzlich bei 10 bis 20 Prozent der Anlagenkosten liegen.

Die Gesamtinvestitionen für die Errichtung neuer Anlagen sind extrem standortabhängig. Meist liegen jedoch die Baukosten bei 40 bis 50 Prozent, der Maschinenbau bei 20 bis 30 Prozent und die Elektrotechnik bei 5 bis 10 Prozent der Gesamtinvestitionen. Der Rest sind sonstige Kosten.

Bei optimal ausgelegten und wartungsarmen Wasserkraftanlagen sind die jährlichen Betriebskosten meist sehr niedrig; sie dürften näherungsweise bei rund 1 bis 4 Prozent der Investitionen liegen. Bei Klein- und Kleinstwasserkraftanlagen sind sie tendenziell höher als bei Großanlagen.

Aus den Gesamtinvestitionen errechnen sich mit der Annuitätenmethode die über die Abschreibungsdauer konstanten Kosten mit einem realen mittleren Zinssatz von 4 Prozent (keine Berücksichtigung der Inflation, Betrachtung des realen Geldwertes). Die Abschreibungsdauer entspricht der technischen Lebensdauer der baulichen Anlagen von 60 beziehungsweise 80 Jahren und der sonstigen Anlagenteile von 30 beziehungsweise 40 Jahren bei kleineren Anlagen mit mehreren 10 Kilowatt beziehungsweise bei größeren Anlagen mit 100 Kilowatt und mehr.

Die resultierenden Stromgestehungskosten liegen für derzeit neu zu errichtende Wasserkraftwerke bei Kleinstwasserkraftwerken mit 50 Kilowatt zwischen 17 und 31 Pfennig pro Kilowattstunde. Demgegenüber entstehen bei einer Kleinwasserkraftanlage mit 500 Kilowatt Nennleistung Kosten zwischen 11 und 15 Pfennig pro Kilowattstunde. Eine Großanlage mit 5 Megawatt ist durch Kosten von 6 bis 9 Pfennig pro Kilowattstunde gekennzeichnet.

Die Stromgestehungskosten sind meist niedriger, wenn bereits vorhandene Anlagen reaktiviert oder modernisiert werden können. Trotz der großen Standortabhängigkeit dürften dann die Kosten zwischen 7 und 14 Pfennig pro Kilowattstunde liegen. Die untere Grenze dieser Bandbreite bestimmen dabei wiederum die Anlagen im Megawattbereich und die obere Grenze die Klein- und Kleinstwasserkraftanlagen. Müssen nur die Maschinensätze erneuert werden, sind noch niedrigere Kosten möglich.

Sie dürften zwischen rund 3 Pfennig pro Kilowattstunde bei Anlagen im Megawattbereich und etwa 12 Pfennig pro Kilowattstunde bei Klein- und Kleinstwasserkraftwerken mit wenigen 10 bis einigen 100 Kilowatt liegen.

Umweltaspekte

Zur Analyse von Umwelteffekten können Energie- und Emissionsbilanzen, erstellt unter Berücksichtigung der vor- und nachgelagerten Prozesse, herangezogen werden. Da hier nicht alle möglicherweise freigesetzten Stoffe betrachtet werden können, werden nur die Luftschadstoffe Schwefeldioxid (SO_2) und Stickoxid (NO_x) sowie das klimarelevante Kohlendioxid (CO_2) betrachtet.

Ausgehend von einer detaillierten Materialbilanz einer wassertechnischen Stromerzeugung, können die entsprechenden Energiebilanzen erstellt und anschließend zu Kennwerten zusammengefaßt werden. Als Maß für den Ressourcenverzehr an Energieträgern dient der kumulierte Energieaufwand (KEA). Darunter wird der gesamte primärenergetisch bewertete Energieaufwand verstanden, der im Verlauf der technischen Lebensdauer einer Anlage direkt und indirekt notwendig ist. Er wird auf eine Einheit bereitgestellter Energie bezogen. Der kumulierte Energieaufwand müßte strenggenommen für jeden Energieträger ausgewiesen werden. Hier wird aber nur der Summenwert ausgewiesen, der zusammengenommen ein Maß für den Verbrauch an nicht erneuerbaren Energieressourcen ist. Zusätzlich werden der primärenergetische Erntefaktor und die primärenergetische Amortisationszeit berechnet.

Der primärenergetische Erntefaktor gibt an, wievielmal mehr Primärenergie eine Konversionsanlage zur Energiebereitstellung während ihrer technischen Lebensdauer substituiert, als zu ihrer Herstellung, ihrem Betrieb und ihrer Entsorgung aufgewendet werden muß.

Die primärenergetische Amortisationszeit beschreibt den Zeitraum, innerhalb dessen eine Energiewandlungstechnik so viel an Primärenergie substituiert hat, wie für ihre Herstellung und ihren Betrieb im Verlauf dieser Amortisationszeit aufgewendet werden muß. Nach Ablauf dieser Zeitspanne produziert die Anlage damit netto Energie.

Energie- (oben) und Emissionsbilanzen (unten) einer wassertechnischen Stromerzeugung

	Kleinstwasser-kraftwerk	Kleinwasser-kraftwerk	Großanlage
KEA_{Prim} in kWh_{Prim}/MWh	36 – 44	23 – 27	16 – 18
Erntefaktor	80 – 65	125 – 104	183 – 155
Amortisationszeit in Monaten	9 – 11	8 – 9	5 – 6
SO_2 in kg/GWh	38 – 46	24 – 29	18 – 21
NO_x in kg/GWh	71 – 86	46 – 56	34 – 40
CO_2 in t/GWh	16 – 20	10 – 12	7 – 8
KEA: Kumulierter Primärenergieaufwand			

Quelle: IER, Universität Stuttgart

Der Energieaufwand für die wassertechnische Stromerzeugung resultiert im wesentlichen aus der Anlagenherstellung. Deshalb werden hier nur die an der Anlage direkt anfallenden Energieaufwendungen und die für die Bereitstellung der notwendigen Baustoffe und maschinentechnischen Anlagenteile indirekt benötigten Energieeinsätze betrachtet. Der Betrieb ist mit geringen Energieaufwendungen, wie zum Beispiel Anlagenwartung und Verbrauchsmaterial, verbunden.

Je nach Größe der Anlage liegt der kumulierte Primärenergieaufwand zwischen 16 und 44 Kilowattstunden Primärenergie je Megawattstunde bereitgestellter elektrischer Energie. Dabei repräsentiert die Großanlage die untere und die Kleinstanlage die obere Grenze. Die primärenergetischen Erntefaktoren bewegen sich zwischen 183 und 65 für eine Groß- beziehungsweise Kleinstanlage. Entsprechend niedrig sind mit 5 bis 11 Monaten die primärenergetischen Amortisationszeiten.

Bei der wassertechnischen Stromerzeugung treten im wesentlichen nur bei der Herstellung und der Anlageninstallation relevante Schadstoffemissionen auf. Sie können aus den Materialaufwendungen mit den bezogenen Emissionen abgeleitet werden. Je nach Anlage liegen die kumulierten Schwefeldioxidemissionen zwischen 18 und 46 Kilogramm, die Stickoxidemissionen zwischen 34 und 86 Kilogramm und die Kohlendioxidemissionen zwischen 7 und 20 Tonnen je Gigawattstunde erzeugter elektischer Energie (1 Gigawatt ist gleich 1 Milliarde Watt). Großanlagen liegen dabei jeweils an der unteren und Kleinstwasserkraftwerke an der oberen Grenze der angegebenen Bandbreite.

Windtechnische Stromerzeugung

Infolge des Windkraftbooms in den letzten Jahren wurde die Anlagentechnik erheblich perfektioniert. Heute ist ein störungsfreier und wartungsarmer Betrieb von Windkraftanlagen problemlos möglich. Die heute marktgängige Konvertergröße liegt bei 500 bis 800 Kilowatt. Die Wirkungsgrade der Stromerzeugung liegen, bezogen auf die im Wind enthaltene Energie, bei rund 35 bis 45 Prozent. Sie werden wesentlich durch den Rotorwirkungsgrad bestimmt, der maximal bei 59,3 Prozent und bei den heute üblichen Rotoren – je nach Schnellaufzahl – bei 40 bis maximal 50 Prozent der im Wind enthaltenen Energie liegt. In Kürze wird eine 1- bis 1,5-Megawatt-Anlage verfügbar sein, die bei größeren Turmhöhen und weiter verbesserter Technik durch eine am gleichen Standort höhere Stromerzeugung gekennzeichnet sein wird. Zunehmend wird auch die Anlagentechnik bei gleichzeitiger Kostenreduktion weiter verbessert. Ein typisches Beispiel ist die getriebelose Windkraftanlage. Große Anstrengungen werden auch unternommen, die Geräuschemissionen zu reduzieren und die Anlagen „unauffälliger" in die Landschaft zu integrieren.

Potentiale

Über der Gebietsfläche Deutschlands werden zwischen 1,5 und 2,5 Prozent der von der Sonne eingestrahlten Energie in eine Luftmassenbewegung umgesetzt. Dies entspricht einem theoretischen Potential der in der bewegten Luft enthaltenen Energie zwischen 47 und 76 Exajoule pro Jahr beziehungsweise einem theoretischen jährlichen Stromerzeugungspotential zwischen 8 und 12 Petawattstunden.

Das technische Stromerzeugungspotential errechnet sich aus dem Windenergieangebot in den bodennahen Atmosphärenschichten in Deutschland. Dabei sind rund 21 Millionen Hektar durch jahresmittlere Windgeschwindigkeiten zwischen 3 und 4 Metern pro Sekunde, etwa 4,75 Millionen Hektar durch 4 bis 5 Meter pro Sekunde, ungefähr 0,72 Millionen Hektar durch 5 bis 6 Meter pro Sekunde sowie weitere rund

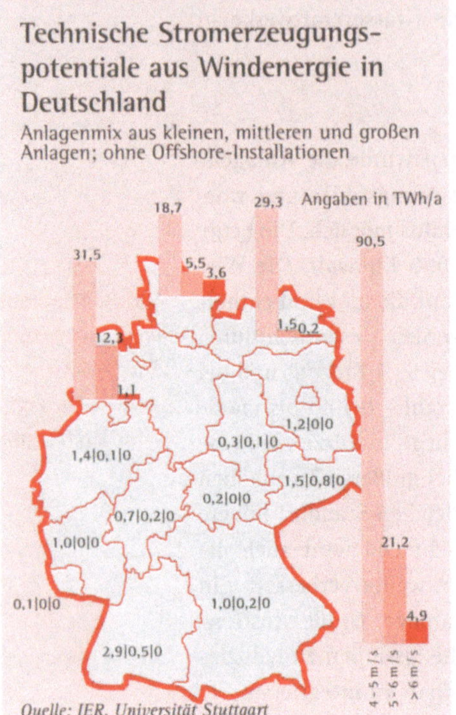

Quelle: IER, Universität Stuttgart

0,09 Millionen Hektar durch mehr als 6 Meter pro Sekunde in 10 Meter Höhe über Grund gekennzeichnet. Werden nur Gebiete mit über 4 Meter pro Sekunde für eine Windkraftnutzung als geeignet angesehen, die einer technischen Nutzung entgegenstehenden Restriktionen beachtet und der mittlere Flächenverbrauch berücksichtigt, errechnen sich installierbare Anlagenleistungen zwischen 58,4 und 87,9 Gigawatt. Daraus ergibt sich ein technisches Stromerzeugungspotential – je nach installierter Anlagenleistung – zwischen 104 und 128 Terawattstunden pro Jahr. Bezogen auf die Bruttostromerzeugung im Jahr 1994 von 525,9 Terawattstunden entspricht dies zwischen 19,8 und 24,3 Prozent.

Die technischen Stromerzeugungspotentiale aus Windenergie in Deutschland liegen für einen Anlagenmix, ohne Berücksichtigung einer möglichen Offshore-Installation, bei knapp 117 Terawattstunden pro Jahr. Rund vier Fünftel davon resultiert aus Gebieten, die durch ein Windgeschwindigkeitsmittel zwischen 4 und 5 Metern pro Sekunde gekennzeichnet sind. Die Potentiale bei mittleren Geschwindigkeiten von mehr als 5 Metern pro Sekunde sind demgegenüber deutlich kleiner. Die größten Erzeugungspotentiale liegen in den Küstenländern. Im Binnenland sind die Möglichkeiten der Windstromerzeugung gering und beschränken sich im wesentlichen auf die Höhenlagen der Mittelgebirge. Je nach Konvertertechnologie beträgt das Erzeugungspotential in den drei Küstenländern Niedersachsen, Schleswig-Holstein und Mecklenburg-Vorpommern zwischen 85 und 90 Prozent des Gesamtpotentials in Deutschland. Zusätzlich ist eine Windkraftnutzung vor der Küste (Offshore) technisch möglich. Hier wären das Wattenmeer und Gebiete mit geringen Wassertiefen aufgrund der nur geringen Mehrkosten und der hohen mittleren Windgeschwindigkeiten gegenüber einer Installation auf dem Festland prädestiniert. In Deutschland wurden jedoch wesentliche Teile des Wattenmeers bis zu einer mittleren Wassertiefe von 10 Metern zum Nationalpark erklärt. Damit ist hier eine Nutzung der Windkraft nicht möglich. Unabhängig davon sind an der Nord- und Ostseeküste aber Gebiete vorhanden, die eine Windkraftnutzung erlauben. Bis zu einer mittleren Wassertiefe von 40 Metern und einer maximalen Entfernung von der Küste von 30 Kilometern sind dies bei mittleren Windgeschwindigkeiten zwischen 6 und 7 Metern pro Sekunde rund 572 Quadratkilometer, zwischen 7 und 8 Metern pro Sekunde ungefähr 3544 Quadratkilometer und zwischen 8 und 9 Metern pro Sekunde etwa 12 829 Quadratkilometer. Daraus ergibt sich ein technisches jährliches Stromerzeugungspotential von rund 237 Terawattstunden. Bezogen auf die Bruttostromerzeugung sind dies rund 45 Prozent.

Aus diesen Stromerzeugungspotentialen ergeben sich die technischen Endenergiepotentiale unter Berücksichtigung netz- und bedarfsseitiger Restriktionen. Dazu zählen die Netzverluste, etwa 5 Prozent, und die Speicherverluste, wenn die momentane Windstromerzeugung die augenblickliche Nachfrage übersteigt. Zusätzlich kann das Netz nur beschränkt fluktuierende elektrische Energie innerhalb Deutschlands ausgleichen. Unter diesen Randbedingungen errechnet sich ein technisches Endenergiepotential, ausgehend von den auf dem Festland gegebenen Erzeugungspotentialen, von etwa 84 Terawattstunden pro Jahr. Wird zusätzlich eine über die momentane Nachfrage hinausgehende aktuelle Stromerzeugung ausgeschlossen, reduziert sich das technische jährliche Endenergiepotential auf etwa 20 Terawattstunden. Muß weiterhin die Hälfte der minimalen stundenmittleren Last im Jahresverlauf durch den konventionellen Kraftwerkspark zur Sicherstellung der Frequenz- und Spannungsstabilität gedeckt werden, vermindert sich dieses Potential auf etwa 14 Terawattstunden. Damit liegt das technische Endenergiepotential zwischen 14 und 84 Terawattstunden pro Jahr. Bezogen auf den Endenergieverbrauch an Strom in Deutschland entspricht dies zwischen 3,3 und 19,6 Prozent.

Nutzung

Insgesamt war in Deutschland mit Stand 31. Dezember 1995 eine gesamte Windkraftanlagenleistung von knapp 1140 Megawatt installiert. Hiervon befinden sich rund drei Viertel in den drei norddeutschen Küstenländern. Der gesamte Energieertrag dieser Anlagen liegt bei etwas mehr als 2,6 Terawattstunden pro Jahr und damit bei etwa 3,3 Prozent des Stromverbrauchs der deutschen Küstenländer. Bezogen auf die Bruttostromerzeugung in Deutschland sind dies jedoch nur rund 0,5 Prozent. Dieser Berechnung wurde zugrunde gelegt, daß kleine Anlagen von 0 bis 80 Kilowatt Nennleistung einen Ausnutzungsgrad – das ist der im Jahresmittel verfügbare Leistungsanteil – von etwa 15 Prozent erreichen. Bei Konvertern der Klasse 80 bis 200 Kilowatt wurden etwa 20 Prozent, bei 200- bis 400-Kilowatt-Anlagen rund 25 Prozent und bei Windkonvertern über 400 Kilowatt etwa 28 Prozent zugrunde gelegt.

Kosten

Die Investitionen resultieren aus den Aufwendungen ab Werk, den Kosten für Transport und Montage, für das Fundament und für die Netzanbindung sowie den sonstigen Kosten. Die bezogenen Investitionen liegen bei Windkraftanlagen bis rund 100 Kilowatt zwischen etwa 2000 und 4000 DM je Kilowatt. Bei Konvertern der 100- bis 500-Kilowatt-Klasse bewegen sie sich bei etwa 1400 bis maximal 3000 DM je Kilowatt. Für Anlagen mit Leistungen zwischen 500 und 1000 Kilowatt dürften rund 1400 bis 2300 DM je Kilowatt, gegebenenfalls auch etwas weniger, aufzubringen sein. Für die in Kürze auf den Markt kommenden Anlagen im Megawattbereich werden die Kosten zwischen etwa 1400 und 2500 DM je Kilowatt, gegebenenfalls auch noch merklich darunter, liegen.

Ist der potentielle Standort verkehrstechnisch gut erschlossen, sind die Aufwendungen für Transport und Montage im allgemeinen in den Investitionen ab Werk enthalten. Ansonsten können für Transport und Montage rund 5 bis 6 Prozent der Aufwendungen ab Werk veranschlagt werden.

Der Aufwand für das Fundament hängt stark von den örtlichen Gegebenheiten ab. Bei einem festen Untergrund ist beispielsweise meist

eine Flachgründung ausreichend, die rund 150 bis 540 DM je Kilowatt
kostet. Bei Standorten mit ungünstigeren Bodenverhältnissen ist aufgrund der dann notwendigen Tiefgründung mit höheren Kosten zu rechnen. Einzelstehende Windkraftanlagen werden im allgemeinen über eine
eigene Mittelspannungsleitung über den nächstgelegenen Anknüpfungs-
punkt an das Mittelspannungsnetz und Windparks ab einer bestimmten
Größe an die Sammelschiene des nächsten Unterverteilers gekoppelt. Die
mittleren Aufwendungen für das Kabel bewegen sich je nach Kabelverle-
gung und Bodenverhältnissen zwischen etwa 70 und 170 DM pro Meter.
Zusätzlich sind die Kosten für den Transformator sowie bei Windparks die
Kabelkosten innerhalb des Windparks zu berücksichtigen. Dabei kann bei
Windparks näherungsweise von Netzanbindungsaufwendungen zwischen
etwa 100 und 330 DM je Kilowatt ausgegangen werden.

Zusätzlich fallen eine Reihe sonstiger Aufwendungen für Planung,
Bodengutachten, Baugenehmigung und Geländeerschließung an. Bezo-
gen auf die gesamten Nebenkosten, das heißt Aufwendungen für das
Fundament, den Netzanschluß und die sonstigen Kosten, nimmt dies
einen Anteil von rund 20 Prozent ein. Dies entspricht etwa 5 Prozent der
Konverterinvestitionen ab Werk.

Der jährliche Betriebsaufwand resultiert aus den Wartungs- und
Instandhaltungskosten, eventuellen Pachtkosten für das Aufstellungsge-
lände und der Versicherungsprämie. Die durchschnittlichen Wartungs-
und Instandhaltungskosten werden mit 1 bis 2 Prozent und die Versiche-
rungen mit 0,5 bis 0,7 Prozent der Aufwendungen ab Werk angegeben.

Die mit gleichen finanzmathematischen Rahmenannahmen und einer identischen Vorgehensweise wie bei der Kostenanalyse einer wassertechnischen Stromerzeugung ermittelten Stromgestehungskosten der
Windkraft liegen bei einer Abschreibungsdauer von der unterstellten
technischen Anlagenlebensdauer von 20 Jahren bei mittleren Windgeschwindigkeiten von 4,5 Metern pro Sekunde bei 16 bis 30 Pfennig, bei
5,5 Metern pro Sekunde bei 11 bis 19 Pfennig und bei 6,6 Metern pro
Sekunde bei 7 bis 14 Pfennig pro Kilowattstunde. Dabei zeigt sich mit
zunehmender installierter Leistung eine deutliche Kostenabnahme. Dies
gilt insbesondere für Anlagen mit installierten Leistungen zwischen 50

und 200 Kilowatt. Der Kostenrückgang zwischen 200 und 400 Kilowatt ist nicht mehr sehr ausgeprägt. Bei noch höheren Konverterleistungen stabilisieren sich die Gestehungskosten weitgehend auf niedrigem Niveau. Demnach sind Windkraftkonverter mit 500 Kilowatt und mehr gegenwärtig bezüglich der bezogenen Kosten am kostengünstigsten. Ursachen hierfür sind die deutlich niedrigeren bezogenen Investitionen und die oft größeren Turmhöhen, die am gleichen Standort die Nutzung einer höheren jahresmittleren Windgeschwindigkeit bedingen.

Umweltaspekte

Der kumulierte Energieaufwand einer Windstromerzeugung bewegt sich zwischen 35 und 230 Kilowattstunden Primärenergie je Megawattstunde. Hierbei repräsentiert der niedrigere Wert höhere Windgeschwindigkeiten. Die primärenergetischen Erntefaktoren liegen etwa bei 12 bis 82 für jahresmittlere Windgeschwindigkeiten zwischen 4,5 und 6,5 Metern pro Sekunde. Mit dem Anlagenbetrieb ist somit ein Nettoenergiegewinn vom 12- bis 82fachen des Energieaufwands für die Anlagenherstellung verbunden. Die primärenergetischen Amortisationszeiten liegen bei 2 bis 20 Monaten und damit deutlich unter zwei Jahren. Dabei ist das Windenergieangebot ergebnisbestimmend. Steigt beispielsweise die jahresmittlere Windgeschwindigkeit um rund 50 Prozent von 4,5 auf 6,5 Meter pro Sekunde, verdoppelt sich der Erntefaktor, und die energetische Amortisationszeit halbiert sich.

Energie- (oben) und Emissionsbilanzen (unten) einer windtechnischen Stromerzeugung

	4,5 m/s	5,5 m/s	6,5 m/s
KEA_{Prim} in kWh_{Prim}/MWh	70 - 230	50 - 150	35 - 120
Erntefaktor	44 - 12	64 - 19	82 - 24
Amortisationszeit in Monaten	6 - 20	4 - 13	2 - 8
SO_2 in kg/GWh	18 - 32	13 - 20	10 - 16
NO_x in kg/GWh	26 - 43	18 - 27	14 - 22
CO_2 in t/GWh	19 - 34	13 - 22	10 - 17
KEA: Kumulierter Primärenergieaufwand			

Quelle: IER, Universität Stuttgart

Bei der Stromerzeugung aus Windkraft werden nur bei der Herstellung der Anlagen Schadstoffe in einer relevanten Größenordnung emittiert. Die hieraus resultierenden kumulierten Schwefeldioxidemissionen liegen zwischen 10 und 32 Kilogramm, die Stickoxidemissionen zwischen 14 und 43 Kilogramm und die Kohlendioxidemissionen zwischen 10 und 34 Tonnen je Gigawattstunde erzeugter elektrischer Energie. Dabei treten hohe Werte bei kleinen Konvertern und geringen mittleren Windgeschwindigkeiten auf. Umgekehrt sind die bezogenen Emissionen bei Großanlagen und hohem Windangebot geringer.

Photovoltaische Stromerzeugung

Die Technik zur photovoltaischen Wandlung der Sonnenenergie in elektrischen Strom ist weitgehend verfügbar. Anlagen im Watt- beziehungsweise Kilowatt- und Megawatt-Bereich sind in Betrieb. Silizium ist nach wie vor das wichtigste Basismaterial. Monokristalline Siliziumzellen sind dabei gegenwärtig am weitesten verbreitet. Sie bestehen aus hochreinem, einkristallinem Basismaterial. Verglichen mit einem theoretisch möglichen Wirkungsgrad von etwa 30 Prozent weisen im Labormaßstab gefertigte Zellen einen Wirkungsgrad von rund 24 Prozent und in Serie hergestellte Photovoltaikzellen einen von rund 16 bis 17 Prozent auf. Ebenfalls primär auf Siliziumbasis wurden multikristalline Zellen entwikkelt. Hierbei wurde der Produktionsprozeß vereinfacht und damit die Kosten reduziert – allerdings auf Kosten niedrigerer Wirkungsgrade. Sie liegen bei Laborfertigung bei etwa 18 Prozent und bei Serienherstellung bei etwa 14 Prozent. Obwohl sich die eigentliche Ladungstrennung innerhalb weniger Millimeter abspielt, müssen mono- und multikristalline Zellen produktionsbedingt mehrere 100 Millimeter dick ausgeführt werden. Deshalb werden Solarzellen auch aus sehr dünnen Halbleiterschichten von etwa 1 Millimeter beispielsweise durch Aufdampfen hergestellt. Die physikalischen Eigenschaften solcher Dünnschichtzellen unterscheiden sich aber erheblich von denen des kristallinen Siliziums. Daraus resultiert eine physikalisch unvermeidbare Wirkungsgraddegradation. Bei amorphen Siliziumzellen lassen sich vor der Degradation Wirkungsgrade zwischen 12 und 14 Prozent bei Laborfertigung und von 5 bis 9 Prozent bei industrieller Fertigung erzielen.

Der mit diesen Zellen bereitstellbare Gleichstrom wird anschließend in einem Wechselrichter in netzkompatiblen Wechselstrom umgewandelt, der im Jahresdurchschnitt durch Nutzungsgrade zwischen 75 und 90 Prozent gekennzeichnet ist. Daraus ergeben sich um ein bis zwei Prozentpunkte unter den Zellenwirkungsgraden liegende Wirkungsgrade des Gesamtsystems.

Potentiale

Über Deutschland ist ein theoretisches Strahlungsangebot von rund 670 Exajoule pro Jahr gegeben, dem ein theoretisches Stromerzeugungspotential – berechnet mit physikalisch maximalen Wirkungsgraden der Photovoltaikanlagen von etwa 28 Prozent – von rund 52 Petawattstunden pro Jahr entspricht.

Das technische Stromerzeugungspotential der Photovoltaik resultiert aus den für eine Installation von Solarmodulen verfügbaren Flächen, dem regional unterschiedlichen Strahlungsangebot und der jeweils vorhandenen Anlagentechnik.

Die auf Dächern installierbaren Modulflächen errechnen sich aus dem statistisch erfaßten Gebäudebestand und der durchschnittlichen Dachfläche, der Dachform und Dachneigung unter Berücksichtigung der bautechnischen und solartechnischen Restriktionen. Daraus ergibt sich eine solartechnisch nutzbare Gebäudedachfläche von rund 800 Millionen Quadratmetern in Deutschland. Zusätzlich könnte eine Solarstromerzeugung auch auf nicht mehr benötigten landwirtschaftlich nutzbaren Flächen realisiert werden. Davon ausgehend errechnet sich ein Potential von etwa 3,5 Milliarden Quadratmetern.

Auf der Basis derzeit marktgängiger kristalliner Module können daraus die installierbaren Anlagenleistungen errechnet werden. Für multikristalline Solarzellen liegen sie zwischen 49 und 115 Gigawatt auf Dach- und bei 210 bis 490 Gigawatt auf Ackerflächen. Mit dem regional unterschiedlichen Strahlungsangebot in Deutschland ergibt sich daraus ein Stromerzeugungspotential zwischen 40 und 110 Terawattstunden pro

Jahr auf Dachflächen und zwischen 179 und 499 Terawattstunden pro Jahr auf Freiflächen. Bezogen auf die Bruttostromerzeugung in Deutschland entspricht dies auf Dachflächen 7,6 bis 21 Prozent und auf Freiflächen 34 bis 95 Prozent.

Die regionale Verteilung der Stromerzeugungspotentiale auf Dachflächen in Deutschland – bei Nutzung der multikristallinen Technik – korreliert näherungsweise mit der Einwohnerzahl und damit mit der elektrischen Energienachfrage.

Die technischen Endenergiepotentiale errechnen sich unter Berücksichtigung netz- und bedarfsseitiger Restriktionen je nach Solarzellentechnologie zu 195 bis 386 Terawattstunden pro Jahr. Wird zusätzlich eine Speicherung elektrischer Energie ausgeschlossen, reduziert sich das Endenergiepotential auf etwa 37 Terawattstunden pro Jahr. Soll die Hälfte der minimalen stundenmittleren Last zur Erhaltung der Spannungs- und Frequenzstabilität durch den konventionellen Kraftwerkspark gedeckt werden, vermindert sich dieses Potential auf rund 19 Terawattstunden pro Jahr. Damit liegen die technischen jährlichen Endenergiepotentiale in Deutschland zwischen 19 und 386 Terawattstunden. Bezogen auf den Endenergieverbrauch sind dies zwischen etwa 4,4 und 90 Prozent.

Quelle: IER, Universität Stuttgart

Nutzung

Die photovoltaische Stromerzeugung in Deutschland ist gegenwärtig nur gering. Ende 1994 war eine gesamte photovoltaische Leistung von etwa 10,5 Megawatt netzgekoppelt installiert. Ausgehend von einer mittleren jährlichen Vollaststundenzahl von 800 bis 960 Stunden resultiert daraus eine insgesamt jährlich erzeugbare elektrische Energie von rund 8,4 bis

10,1 Gigawattstunden. Die tatsächliche Netzeinspeisung lag 1994 bei rund 4,2 Gigawattstunden.

Kosten

Die Aufwendungen für photovoltaische Systeme setzen sich zusammen aus den Modul- und Wechselrichterkosten, den Gestellaufwendungen, den Planungs- und Installationskosten und den sonstigen Aufwendungen.

Bei Anlagen auf Gebäudedächern liegen die zu veranschlagenden Investitionen einer 1- beziehungsweise 20-Kilowatt-Anlage bei rund 25 000 beziehungsweise 18 000 DM je Kilowatt. Den Hauptanteil mit 50 bis 60 Prozent nehmen die Modulaufwendungen ein. Für multikristalline Module liegen sie bei etwa 9000 bis 14 000 DM je Kilowatt. Sie sind gegenüber monokristallinen Zellen geringfügig niedriger und etwa in der gleichen Größenordnung wie bei amorphen Solarmodulen. Bis zu einem Fünftel der Gesamtinvestitionen, etwa 900 beziehungsweise 4500 DM je Kilowatt, nehmen auch die Wechselrichterkosten ein. Zusätzlich fallen für die Gestelle zwischen 5 und 15 Prozent sowie für Planung und Installation 15 bis 25 Prozent der Modulinvestitionen an. Die Betriebskosten sind aufgrund der weitgehend wartungsfreien Technik gering.

Bei auf Freiflächen installierten Photovoltaikkraftwerken dürften die zu erwartenden Gesamtinvestitionen derzeit zwischen 13 000 und 16 000 DM je Kilowatt liegen. Davon resultiert mit 7800 bis 9500 DM je Kilowatt mehr als die Hälfte aus den Solarmodulen.

Daraus können, entsprechend der bisherigen Vorgehensweise, die Stromgestehungskosten berechnet werden. Die technische Anlagenlebensdauer liegt dabei bei 25 Jahren. Demnach nehmen die Gestehungskosten mit zunehmender installierter Anlagenleistung ab. Besonders deutlich sinken sie zwischen 1 und 5 Kilowatt von rund 2,04 DM auf etwa 1,73 DM pro Kilowattstunde. Mit zunehmenden Anlagenleistungen reduzieren sich die Gestehungskosten dann nur noch geringfügig. Demnach kann für dachmontierte Anlagen mit multikristallinen Zellen derzeit mit Gestehungskosten zwischen etwa 1,60 und 2,00 DM pro Kilowattstunde gerechnet werden. Für Generatoren mit amorphen Zellen sind geringfügig höhere Kosten zu erwarten. Bei höheren Anlagenleistungen sinken die Gestehungskosten weiter. Bei einem 1-Megawatt-Photovoltaikkraftwerk liegen sie bei multikristallinen Modulen und günstigen Randbedingungen bei 98 Pfennig pro Kilowattstunde und bei amorphen Modulen und weniger optimalen Randbedingungen bei 1,34 DM pro Kilowattstunde.

Umweltaspekte

Der gesamte kumulierte Primärenergieaufwand wird vom Herstellungsaufwand für die Photovoltaikzellen dominiert. Er liegt für amorphe Siliziumzellen zwischen 490 und 680 und bei mono- oder multikristalliner Technik bei 550 bis 930 Kilowattstunden Primärenergie je Megawattstunde, wobei der Aufwand bei monokristallinen Zellen meist größer ist als bei multikristallinen. Der energetische Aufwand für die sonstigen Komponenten eines Photovoltaiksystems liegt zwischen 10 und 30 Prozent des gesamten kumulierten Herstellungsprimärenergieaufwands. Die sich daraus ergebenden Erntefaktoren liegen zwischen 3,2 und 4,2 für monokristalline, zwischen 4,1 und 5,2 bei multikristallinen und zwischen 4,5 und 5,8 bei amorphen Zellen. Damit produzieren die untersuchten Zellen innerhalb ihrer technischen Lebensdauer zwischen dem 3,2- und 5,8fachen des für die Herstellung benötigten Energieaufwands. Die energetischen Amortisationszeiten liegen zwischen 51 und 93 Monaten. Die

Energie- (oben) und Emissionsbilanzen (unten) einer photovoltaischen Stromerzeugung

	Monokristallines Silizium	Multikristallines Silizium	Amorphes Silizium
KEA_{Prim} in kWh_{Prim}/MWh	680 - 930	550 - 760	490 - 680
Erntefaktor	3,2 - 4,2	4,1 - 5,2	4,5 - 5,8
Amortisationszeit in Monaten	72 - 93	58 - 74	51 - 66
SO_2 in kg/GWh	230 - 295	260 - 330	135 - 175
NO_x in kg/GWh	270 - 340	250 - 310	160 - 200
CO_2 in t/GWh	200 - 260	190 - 250	170 - 220
KEA: Kumulierter Primärenergieaufwand			

Quelle: IER, Universität Stuttgart

Obergrenze repräsentieren dabei monokristalline und die untere Grenze amorphe Zellen. Demnach benötigt derzeit eine Photovoltaikanlage zwischen 4 und 8 Jahren, bis sie eine Energiemenge produziert hat, die der des energetischen Herstellungsaufwandes entspricht.

Die kumulierten Schwefeldioxidemissionen liegen für die untersuchten Anlagen zwischen 135 und 330 Kilogramm, die Stickoxidemissionen zwischen 160 und 340 Kilogramm und die Kohlendioxidemissionen zwischen 170 und 260 Tonnen je Gigawattstunde erzeugter elektrischer Energie. Die Herstellung amorpher Zellen ist dabei durch die geringsten bezogenen Emissionen gekennzeichnet.

Solarthermische Wärmegewinnung

Unter den in Deutschland nutzbaren erneuerbaren Energien ist die solarthermische und die geothermische Bereitstellung von (Niedertemperatur)-Wärme vielversprechend. Letztere wird trotz der Tatsache, daß es sich dabei um ein Leerfördern von Vorkommen handelt, die sich erst im Verlauf sehr langer Zeitperioden wieder erneuern, zu den regenerativen Energien gezählt.

Die Anlagentechnik solarthermischer Systeme ist zwischenzeitlich weitgehend betriebssicher und mit großen anlagentechnischen Variationsmöglichkeiten verfügbar. In den letzten Jahren wurden erhebliche Fortschritte erzielt hinsichtlich einer deutlichen Verbesserung der Effizienz und des systemtechnischen Zusammenspiels der einzelnen Systemkomponenten. Die meisten marktgängigen Kollektoren – und hier im wesentlichen die Flachkollektoren – sind als technisch ausgereift anzusehen. Auch die Einbindung in die Energieversorgung eines Hauses zur dezentralen Warmwasserbereitung ist problemlos machbar. Trotzdem sind noch weitere Wirkungsgradverbesserungen und Systemoptimierungen möglich, die primär auf eine Reduzierung der Kosten ausgerichtet sein sollten. Mögliche Optimierungspotentiale gibt es auch noch bei größeren zentralen Nahwärmenetzen, bei denen Solaranlagen in Kombination mit anderen Energietechniken, gegebenenfalls saisonalen Speichern, zum Einsatz kommen.

Potentiale

Das theoretische Potential der Solarstrahlung in Deutschland und damit die gesamte einfallende Sonnenenergie liegt bei rund 670 Exajoule pro Jahr.

Die Obergrenze des technischen Potentials errechnet sich aus den für eine Kollektorinstallation verfügbaren Dach- und Freiflächen. Die gesamte solarthermisch nutzbare Dachfläche auf Wohn- und Nichtwohngebäuden in Deutschland liegt bei rund 800 Millionen Quadratmetern. Dazu kommen noch etwa 3,5 Milliarden Quadratmeter an nutzbaren Freiflächen. Mit mittleren Kollektorenergieerträgen und Systemnutzungsgraden ergibt sich daraus ein Wärmeerzeugungspotential von 4550 bis 5470 Petajoule pro Jahr, das die Niedertemperaturwärmenachfrage erheblich übersteigt. Deshalb müssen bedarfsseitige Restriktionen berücksichtigt werden.

Dazu werden drei unterschiedliche typische Systemkonfigurationen unterschieden: Eine ausschließliche solarthermische Warmwasser- beziehungsweise Prozeßwärmeerzeugung für Temperaturen bis 100 Grad Celsius hat ein geringes technisches Potential von rund 230 Petajoule pro Jahr. Wird durch solche Anlagen auch Raumwärme teilweise gedeckt, etwa 5 Prozent der Wärmenachfrage in Deutschland, ergibt sich ein technisches Potential von rund 850 Petajoule pro Jahr. Mit solaren Nahwärmesystemen könnte mit etwa 1920 Petajoule pro Jahr das größte technische Endenergiepotential erschlossen werden, da aufgrund der hier unterstellten saisonalen Speicherung auch deutlich größere Teile der Raumwärmenachfrage gedeckt werden können.

Für Anlagen zur ausschließlichen Warmwasser- und Prozeßwärmebereitstellung liegt die daraus resultierende substituierbare Endenergie bei rund 290 Petajoule pro Jahr. Das sind etwa 3,2 Prozent des Endenergieverbrauchs. Die technisch substituierbare Endenergie bei dezentralen Systemen zur Deckung der Raumwärme-, Warmwasser- und Prozeßwärmenachfrage beträgt etwa 970 Petajoule pro Jahr oder rund 10,8 Prozent des Endenergieverbrauchs. Durch Nahwärmesysteme könnte mit etwa 1970 Petajoule pro Jahr das größte Endenergieaufkommen erschlossen werden. Das sind knapp 22 Prozent des Endenergieverbrauchs.

Nutzung

Die aufgezeigten Potentiale werden bisher kaum genutzt. Hauptsächliche Anwendungsgebiete sind derzeit die solare Schwimmbad- und hier insbesondere die Freibadbeheizung und die solare Brauchwassererwärmung im Haushaltssektor. Nach einem Boom um 1979/80 erfolgte ein deutlicher Rückgang der installierten solarthermischen Anlagen. Erst ab Mitte der 80er Jahre stieg die jährlich installierte Kollektorfläche wieder an. Anfang der 90er Jahre haben dann die installierten Kollektorflächen erheblich zugenommen. Ende 1993 lag die gesamte installierte Kollektorfläche bei etwa 0,65 bis 0,9 Millionen Quadratmetern. Mit mittleren Energieerträgen errechnet sich daraus eine nutzbar abgegebene Wärme von etwa 0,7 bis 1 Petajoule pro Jahr. Solare Systeme zur Raumheizung sind derzeit in Deutschland kaum realisiert.

Kosten

Die Anlageninvestitionen setzen sich aus denen für den Kollektor, den Speicher und sonstige Systemkomponenten sowie aus den Montage- und Inbetriebnahmekosten zusammen.

Die Aufwendungen für Kollektoren liegen etwa zwischen 80 und 2500 DM pro Quadratmeter je nach verfügbaren Kollektortypen. Einfache Absorbermatten weisen beispielsweise Kosten zwischen 80 und 150 DM pro Quadratmeter, einfachverglaste Flachkollektoren zwischen 400 und 800 DM pro Quadratmeter und Vakuumröhrenkollektoren, mehrfach abgedeckte Flachkollektoren oder mit transparenter Wärmedämmung verbesserte Kollektoren über 2000 DM pro Quadratmeter auf.

Die Speicherkosten hängen wesentlich vom gespeicherten Volumen ab. Bei kleinen Systemen mit 200 bis 500 Litern liegen die Investitionen einschließlich Wärmetauscher zwischen 5 und 8 DM je Liter Speichervolumen beziehungsweise 300 bis 700 DM je Quadratmeter Kollektorfläche. Isolierte Stahltanks bis 100 Kubikmeter kosten etwa 800 DM je Kubikmeter und Erdbeckenspeicher mit etwa 12 000 Kubikmetern rund 155 DM je Kubikmeter.

Sonstige Systemkomponenten sind die Rohrleitungen, die Meß- und Regeleinrichtungen, die Pumpe, das Frostschutzmittel sowie alle

138

sicherheitstechnischen Einrichtungen. Die entsprechenden Kosten liegen bei 160 bis 320 DM pro Quadratmeter für dezentrale solarthermische Brauchwassersysteme und zwischen 130 und 260 DM pro Quadratmeter bei zentralen Brauchwassersystemen.

Solarthermische Systeme zur Brauchwassererwärmung werden oft in Eigenleistung montiert. Wird die Anlage kommerziell montiert, liegen die Montagekosten bei rund 140 bis 600 DM pro Quadratmeter Kollektorfläche. Bei größeren Anlagen sind sie oft geringer und liegen zwischen 10 und 20 Prozent der Kollektorkosten beziehungsweise zwischen 60 bis 100 DM pro Quadratmeter. Die gesamten Kosten für die Montage und Inbetriebnahme dürften sich bei etwa 100 bis 150 DM pro Quadratmeter bewegen.

Im Normalbetrieb fallen Wartungskosten nur für den Austausch des Wärmeträgermediums und für kleinere Reparaturen an. Für den Betrieb wird außerdem Hilfsenergie benötigt. Bei Strompreisen von 20 bis 30 Pfennig pro Kilowattstunde und einem Stromverbrauch zwischen 0,02 bis 0,05 Kilowattstunden je bereitgestellter Kilowattstunde solarthermischer Energie ergeben sich jährliche Betriebskosten von rund 7 bis 25 DM. Die Kosten für Wartung und Instandhaltung der meisten Anlagenteile liegen bei rund 1 bis 2 Prozent der Investitionen. Damit bewegen sich die gesamten jährlichen Kosten bei etwa 0,9 bis 1,8 Prozent der Gesamtinvestitionen. Handelt es sich um eine zentrale solarthermische Brauchwasserunterstützung oder um ein größeres solares Nahwärmesystem, kann von jährlich anfallenden Kosten für Wartung, Instandhaltung und Sonstiges von etwa 1 Prozent der Investitionen ausgegangen werden. Dazu addieren sich die Stromkosten für die Kollektorkreispumpe.

Damit können die Energiebereitstellungskosten bestimmt werden. Die technische Anlagenlebensdauer und damit auch die Abschreibungsdauer liegen hier bei 20 Jahren. Demnach ergeben sich für die dezentrale solarthermische Warmwasserbereitung in privaten Haushalten Kosten für die solar bereitgestellte Wärme zwischen 34 und 47 Pfennig pro Kilowattstunde beziehungsweise 96 bis 132 DM je Gigajoule. Die zentrale solarthermische Brauchwasserunterstützung ist durch Wärmekosten zwischen 18 und 20 Pfennig pro Kilowattstunde beziehungsweise 50 bis 58

DM je Gigajoule gekennzeichnet. Beim solaren Nahwärmesystem liegen diese Kosten etwa zwischen 22 und 31 Pfennig pro Kilowattstunde beziehungsweise 62 bis 85 DM je Gigajoule.

Umweltaspekte

Der kumulierte Energieaufwand für die Herstellung resultiert aus den energetischen Aufwendungen für die Materialherstellung, die Materialverarbeitung und Materialbearbeitung, den Zusammenbau, den Transport und die Montage. Daraus ergibt sich ein kumulierter Primärenergieaufwand zwischen 160 und 220 Gigajoule Primärenergie je Terajoule Endenergie. Die Untergrenze repräsentieren Anlagen zur zentralen, die obere Grenze Anlagen zur dezentralen Warmwasserbereitung. Solare Nahwärmesysteme mit saisonaler Speicherung liegen dazwischen. Die resultierenden primärenergetischen Erntefaktoren liegen zwischen 5,5 bei dezentraler und 7,4 bei zentraler Warmwasserbereitung. Daraus ergeben sich primärenergetische Amortisationszeiten zwischen 13 und 22 Monaten.

Energie- (oben) und Emissionsbilanzen (unten) einer solarthermischen Wärmenutzung

Dabei wird unterschieden zwischen einer Anlage zur dezentralen (System I) und zur zentralen Warmwasserbereitung (System II) sowie einem solaren Nahwärmesystem mit saisonaler Speicherung (System III).

	I^1	I^2	II^1	II^2	III^1	III^2
KEA_{Prim} in GJ_{Prim}/TJ	270	220	160	160	180	180
Erntefaktor	5,5		7,4		6,5	
Amortisationszeit in Monaten	22		13		18	
SO_2 in kg/TJ	15	12	9	9	21	21
NO_x in kg/TJ	29	23	18	17	42	41
CO_2 in t/TJ	20	16	11	11	14	14

KEA: Kumulierter Primärenergieaufwand

Mittlere Kennzahlen, die sich aus der Bandbreite des Strahlungsangebots zwischen 3760 und 4250 MJ/(m² a) auf die geneigte und ausgerichtete Fläche und den zugehörigen Techniken ergeben.
1: bezogen auf die bereitgestellte nutzbare Wärme am Speicherausgang
2: bezogen auf die bereitgestellte nutzbare äquivalente Endenergie
Quelle: IER, Universität Stuttgart

Bezogen auf die substituierbare Endenergie liegen die kumulierten Schwefeldioxidemissionen zwischen 9 und 21 Kilogramm, die Stickoxidemissionen zwischen 11 und 41 Kilogramm und die Kohlendioxidemissionen zwischen 11 und 16 Tonnen je Terajoule substituierter Endenergie. Dabei sind die bezogenen Kohlendioxidemissionen bei der zentralen solarthermischen Warmwasserunterstützung am geringsten und auch bei der solaren Nahwärme noch geringer als bei der dezentralen Brauchwasserbereitung. Dafür sind aber die bezogenen Schwefeldioxid- und Stickoxidemissionen bei dem solaren Nahwärmesystem wegen des hier höheren Zementverbrauchs höher.

Wärmegewinnung aus Umgebungsluft und Erdreich

Wärmepumpen benötigen eine Wärmequelle, der Wärme entzogen werden kann. Die Qualität dieser Wärmequelle wird durch ihre Temperatur und die zeitlichen Fluktuationen, ihre Verfügbarkeit sowie den Erschließungs- und Nutzungsaufwand festgelegt. Grundsätzlich stehen die Wärmequellen Außenluft und Umgebungswärme, Erdreich und Grundwasser sowie Oberflächengewässer und Abwärme zur Verfügung.

Die Wärmequellen Außenluft und Umgebungswärme sind überall verfügbar und leicht erschließbar. Meist kommen großflächige Wärmetauscher in vielfältigen Bauformen, wie zum Beispiel Stapel, Zaun, Säule oder Sterne, zum Einsatz. Diese Wärmequellen weisen jedoch starke jahres- und tageszeitliche Schwankungen auf. Hinzu kommt die geringe spezifische Wärmekapazität der Außenluft, das bedeutet hohe Volumenströme. Ungünstig stellt sich auch der diametrale Verlauf der Temperatur dieser Wärmequellen gegenüber dem Raumwärmebedarf dar. Mit sinkender Außentemperatur besteht steigender Raumwärmebedarf bei gleichzeitig sinkender Effizienz des Wärmepumpenprozesses. Meist werden außenluftgekoppelte Wärmepumpen bivalent betrieben und 70 bis 90 Prozent der Wärmenachfrage durch die Wärmepumpe und der Rest fossil gedeckt.

Für die Gewinnung von Wärme aus oberflächennahen Bodenschichten können horizontal und vertikal verlegte Wärmetauscher eingesetzt werden. Die Rohre werden in einer Tiefe zwischen 1 und 1,5 Metern in das Erdreich eingebracht. Die durchschnittlich maximal entziehbaren Wärmeleistungen schwanken zwischen 10 und 35 Watt pro Quadratmeter. Aus einem Quadratmeter Erdreich lassen sich während der Heizperiode etwa 360 Megajoule Wärme gewinnen. Eine Verringerung des Flächenverbrauchs kann durch Grabenkollektoren erreicht werden. Hier werden die Wärmetauscherrohre an den Seitenwänden eines etwa 2,5 Meter tiefen und 3 Meter breiten Grabens verlegt.

Durch vertikale Erdreichwärmetauscher, sogenannte Erdwärmesonden, läßt sich der Flächenverbrauch nochmals reduzieren. Sie werden in vertikale, bis zu 100 Meter tiefe Bohrungen eingebracht und mit einer Bentonit-Zement-Suspension hinterfüllt, um einen guten Wärmeübergang zwischen Erdreich und Sonde zu gewährleisten.

Grundwasser ist infolge seines relativ konstanten Temperaturniveaus von 8 bis 12 Grad Celsius auch sehr gut als Wärmequelle geeignet. Einschränkungen bestehen hier jedoch durch wasserrechtliche Bestimmungen sowie ökologische Restriktionen. Entsprechende Anlagen bestehen aus einem Förderbrunnen, aus dem das Grundwasser entnommen wird, und einem Schluckbrunnen, durch den das abgekühlte Wasser wieder den grundwasserführenden Schichten zugeführt wird.

Potentiale

Die durch Wärmepumpen mit den Wärmequellen Außenluft und Erdreich deckbare Wärmenachfrage beschränkt sich auf die Niedertemperaturwärme. Durch Elektrowärmepumpen, die vorwiegend zur Bereitstellung von Raumwärme und Warmwasser in kleineren Gebäuden dienen, läßt sich die Wärmenachfrage nur bis maximal 65 Grad Celsius decken. Bei gas- oder dieselmotorisch angetriebenen Wärmepumpen sind durch die Nutzung der Motorabwärme demgegenüber Temperaturen bis etwa 90 Grad Celsius erreichbar. Somit wäre prinzipiell die gesamte Raumwärme-, Warmwasser- und Prozeßwärmenachfrage unter 90 Grad Celsius durch Wärmepumpen bereitstellbar.

Die gesamte Nutzenergienachfrage an Raum- beziehungsweise Prozeßwärme belief sich 1994 im Haushaltssektor auf 1305 beziehungsweise 181 Petajoule und im Kleinverbrauchssektor auf 596 beziehungsweise

160 Petajoule. Da die Temperaturverteilung der nachgefragten Prozeßwärme nicht bekannt ist, wird unterstellt, daß die Hälfte unter 90 Grad Celsius anfällt und somit durch Wärmepumpen bereitstellbar ist. Damit resultiert für den Haushalts- und Kleinverbrauchssektor eine deckbare Nutzenergie von 2071 Petajoule.

Bei der Industrie liegt die gesamte Wärmenachfrage 1994 bei 1153 Petajoule. Davon fallen nur rund 23 Prozent unter 90 Grad Celsius an. Damit liegt die mit Wärmepumpen deckbare Nutzenergie bei 265 Petajoule.

Für Deutschland errechnet sich daraus ein theoretisch deckbares Nachfragepotential von 2336 Petajoule an Raumwärme, Warmwasser und Prozeßwärme unter 90 Grad Celsius. Das sind rund 69 Prozent der gesamten Nutzenergienachfrage nach Wärme.

Das theoretische Potential einer Nutzwärmebereitstellung aus Außenluft und Umgebungswärme beschreibt das physikalisch maximal nutzbare Energieangebot. Dabei kann die unterste Luftschicht über Deutschland als für eine Nutzung verfügbar erachtet werden. Aufgrund des regen Luftaustauschs in der bodennahen Atmosphäre wird hier eine Abkühlung durch Wärmepumpen schnell wieder ausgeglichen. Pro Meter Abstand von der Erdoberfläche könnte einem theoretisch nutzbaren Luftvolumen von 357 Kubikkilometern bei einer Abkühlung um 1 Grad Celsius rund 0,46 Petajoule entzogen werden. Bei einer Arbeitszahl der monovalenten Wärmepumpe von 3,3 entspricht dies einer Nutzenergie von 0,66 Petajoule pro Meter. Wird zum Beispiel eine Nutzung bis 200 Meter Höhe über Grund unterstellt, entspricht dies einem theoretischen Potential der der Luft entziehbaren Energie von rund 93 Petajoule und einer bereitstellbaren Nutzwärme an der Wärmepumpe von rund 133 Petajoule. Da diese Wärme von den Gebäuden nach einer bestimmten Zeit erneut an die Umgebung abgegeben wird, kann dieses Potential im Verlauf eines Jahres (nahezu) beliebig oft erschlossen werden. Um das theoretisch deckbare Nachfragepotential von 2336 Petajoule komplett durch die Wärmequelle Außenluft zu decken, wäre die beispielhaft betrachtete Lufthülle von 200 Meter Höhe über Deutschland rund 18mal um 1 Grad Celsius abzukühlen.

Das technische Potential ergibt sich daraus unter Berücksichtigung der technischen Restriktionen. Dabei ist die Wärmequelle Luft beziehungsweise Umgebungswärme unbeschränkt verfügbar. Demgegenüber ist die vollständige Deckung des theoretisch deckbaren Nachfragepotentials technisch nicht möglich. Es wird zwischen dezentralen und zentralen Anlagen unterschieden.

Dezentrale Anlagen sind in den Räumen der Gebäude installiert und können als Wand-, Decken-, Truhen-, Kanal- oder Schrankgeräte ausgeführt sein. Sie sind meist als Luft-Luft-Geräte konzipiert und für Klimatisierungsaufgaben vorgesehen. Der Einsatz derartiger Anlagen ist aus technischer Sicht nicht beschränkt. Einschränkungen ergeben sich aber aus baulichen oder rechtlichen Gründen. So lassen sich Außenluftwärmetauscher beispielsweise aus Gründen des Denkmalschutzes nicht überall anbringen. Kann nur in 85 Prozent aller Fälle die Raumwärme durch derartige Geräte erfolgen, resultiert daraus ein technisches Potential im Haushalts- und Kleinverbrauchssektor von 1616 Petajoule und in der Industrie von 156 Petajoule pro Jahr. Dies entspricht bei einer Arbeitszahl einer monovalenten Wärmepumpe von 3,3 einer aus der Umgebungsluft zu entziehenden Wärme von jährlich 1235 Petajoule.

Zentrale Wärmepumpenanlagen mit der Wärmequelle Außenluft können als Kompaktgeräte für die Innen- oder Außenaufstellung sowie als Splitgeräte ausgeführt sein. Dafür muß ein Wärmeverteilungsnetz im Gebäude vorhanden sein. Im Haushaltssektor werden aber 16 Prozent der Wohnflächen durch Einzelöfen und 7 Prozent durch Elektrospeicherheizungen beheizt. Da hier kein Wärmeverteilnetz existieren dürfte, reduziert sich die durch Wärmepumpen deckbare Nutzwärmenachfrage auf 1075 Petajoule pro Jahr. Auch wurden etwa 60 Prozent der nicht-einzelbeheizten Wohnflächen vor 1970 erbaut. Hier dürfte die Heizungsanlage meist mit Vorlauftemperaturen von 70 bis 90 Grad Celsius betrieben werden. Da im Haushaltssektor aufgrund des geringen Leistungsbedarfs fast ausschließlich Elektrowärmepumpen eingesetzt werden, diese jedoch nur Wärme bis maximal 65 Grad Celsius bereitstellen können, wird ein bivalenter Betrieb mit einer Arbeitszahl der Wärmepumpe von 3,7 unterstellt. Bei einem Deckungsanteil der Wärmepumpe von 70 Prozent ergibt

144

sich für den Haushaltssektor ein Potential von jährlich 882 Petajoule. Dies entspricht einer der Außenluft entziehbaren Wärme von 644 Petajoule pro Jahr.

Im Kleinverbrauchs- und Industriesektor ist davon auszugehen, daß die Gebäude vorwiegend zentralbeheizt werden. Damit würden hier aufgrund der größeren Wärmenachfrage eher gas- oder dieselmotorisch betriebene Wärmepumpen mit Vorlauftemperaturen bis 90 Grad Celsius eingesetzt werden. Damit kann hier das gesamte theoretisch deckbare Nachfragepotential von 941 Petajoule pro Jahr gedeckt werden. Dies entspricht bei einer Heizzahl von 1,4 einer der Außenluft entzogenen Wärme von knapp 270 Petajoule pro Jahr.

Wird zusätzlich aufgrund baulicher, administrativer und sonstiger Restriktionen unterstellt, daß davon nur rund 85 Prozent erschließbar sind, errechnet sich ein technisches Potential zentraler Wärmepumpenanlagen von 1550 Petajoule pro Jahr, das entspricht einer der Außenluft entzogenen Wärme von 755 Petajoule pro Jahr.

Wird unterstellt, daß bei einem vorhandenen Wärmeverteilnetz jeweils zentrale und ansonsten dezentrale Techniken eingesetzt werden, ergibt sich ein technisches Potential von rund 1805 Petajoule pro Jahr für außenluft- und umgebungswärmegekoppelte Wärmepumpen. Das sind rund 77 Prozent der theoretisch deckbaren Wärmenachfrage. Bei den unterstellten Arbeitszahlen von 3,3 (monovalent) und 3,7 (bivalent) sowie Heizzahlen von 1,4 wären davon 1092 Petajoule pro Jahr aus der Atmosphäre gewinnbar. Dies entspricht einer substituierbaren Endenergie in Gasbrennwertkesseln beziehungsweise Ölheizungen von 1840 bis 2000 Petajoule. Bezogen auf den Endenergieverbrauch sind dies 20,4 bis 22,2 Prozent.

Diese Potentiale können sich durch weitere Restriktionen verringern. Bei einer angenommenen Vollaststundenzahl der Wärmepumpen von 3000 Stunden und der Unterstellung, daß rund die Hälfte des Potentials durch Elektrowärmepumpen erschlossen wird, ergibt sich eine durch die Stromversorgung zusätzlich bereitzustellende Leistung bei einem Gleichzeitigkeitsfaktor von 0,9 im Winter von rund 25 Gigawatt. Dies ist rund ein Viertel der derzeit verfügbaren Bruttoleistung in Deutschland.

Weitere denkbare Reduktionen könnten zum Beispiel aus nicht tolerierbaren Effekten wie einer Nebelbildung oder einer spürbaren Auskühlung engbesiedelter Gebiete resultieren.

Wird davon ausgegangen, daß theoretisch die gesamte Fläche Deutschlands für eine Nutzung zur Verfügung stünde, errechnet sich mit dem mittleren, aus dem nahe an der Oberfläche befindlichen Erdreich maximal gewinnbaren Energieaufkommen, ein theoretisches Angebotspotential von knapp 130 Exajoule pro Jahr. Das technische Potential ergibt sich daraus unter Berücksichtigung der gegebenen Restriktionen. Beispielsweise können Gebiete, die von potentiellen Verbrauchern weit entfernt sind, nicht genutzt werden. Für eine Energiegewinnung kommen damit nur die den Gebäuden unmittelbar zugeordneten Flächen, das heißt Gebäude- und Freiflächen, in Frage. Das sind etwa 6,2 Prozent der Fläche Deutschlands. Aufgrund vorhandener Gebäudestrukturen und sonstiger baulicher Restriktionen schränkt sich diese Fläche auf etwa 40 Prozent ein. So ist eine Nutzung in Gebieten mit sehr hoher Bebauungsdichte, zum Beispiel Innenstadtbereiche, nicht oder nur eingeschränkt möglich. Ebenso ist eine Abteufung der Erdwärmesonden nicht bei jeder Bodenstruktur sinnvoll durchführbar. Durch Grundwasserschutz reduziert sich aufgrund der gesetzlichen Vorgaben die verbleibende Fläche um weitere 25 Prozent, da Wasserschutzgebiete, die mit Gebäude- und Freiflächen zusammenfallen, meist nur in weniger dicht besiedelten Gebieten zu finden sind, die für eine oberflächennahe Erdwärmenutzung besonders geeignet erscheinen. Damit ist nur knapp ein Drittel der Gebäude- und Freiflächen in Deutschland für eine energetische Nutzung verfügbar. Weiterhin ist eine lückenlose Erschließung dieser verbleibenden Flächen aufgrund der sich im Untergrund befindlichen Infrastrukturelemente, wie zum Beispiel Versorgungsleitungen für Zu- und Abwasser, Gas, Strom oder Kommunikation, sowie aufgrund anderweitiger Nutzung, zum Beispiel Garten, Lagerhallen oder Kellerräume, zum Teil nicht möglich. Zudem kann die gewinnbare Niedertemperaturwärme die lokale Wärmenachfrage deutlich übersteigen. Dies gilt insbesondere bei ländlichen Siedlungsstrukturen. Deshalb sind von der verbleibenden Fläche nur rund 40 Prozent auch tatsächlich technisch nutzbar.

Mit einem gewinnbaren Energieaufkommen von 360 Megajoule pro Quadratmeter und Jahr errechnet sich daraus ein technisches Potential der aus dem flachen Untergrund entziehbaren Wärme in Deutschland von jährlich etwa 960 Petajoule. Dies entspricht bei einer Arbeitszahl von 3,5 in monovalenten Wärmepumpen einer bereitstellbaren Wärme von 1344 Petajoule pro Jahr. Die substituierbare Endenergie liegt bei jährlich 1370 Petajoule in Gasbrennwertkesseln beziehungsweise 1490 Petajoule in Ölheizungen. Bezogen auf den Endenergieverbrauch sind dies 15,2 bis 16,6 Prozent.

Nutzung

Die gesamte installierte Leistung an Wärmepumpen in Deutschland beträgt rund 1500 Megawatt (thermisch), wobei hier detailliert nur die Anschlußleistung elektromotorischer Wärmepumpen erfaßt ist. Diese dominieren mit einem Anteil an der thermischen Leistung von etwa 75 Prozent. Gas- und dieselmotorische Wärmepumpen weisen einen Anteil von etwa 24 Prozent auf, die Absorptionstechnik etwa 1 Prozent. Mit einer unterstellten durchschnittlichen Ausnutzungsdauer der Wärmepumpen von 3000 Stunden ergibt sich eine derzeit bereitgestellte thermische Arbeit von 16,2 Petajoule. Damit tragen Wärmepumpen an der gesamten Nutzwärmenachfrage in Deutschland mit etwa 0,5 Prozent und am deckbaren Nachfragepotential mit rund 0,7 Prozent bei.

Von den rund 50 000 in Deutschland betriebenen Elektrowärmepumpen sind etwa 93 Prozent in Wohngebäuden mit einem durchschnittlichem Anschlußwert von etwa 5,4 Kilowatt (elektrisch) installiert. Etwa 5 Prozent aller Anlagen sind dem gewerblichen Sektor zuzuordnen. Sie weisen mit 15 Kilowatt (elektrisch) hier einen deutlich höheren Anschlußwert auf. Bei den Wärmequellen dominieren Außenluft und Umgebungswärme mit etwa 55 Prozent. Geringere Bedeutung weisen die Wärmequelle Wasser mit rund 32 Prozent und die Wärmequelle Erdreich mit rund 10 Prozent auf.

Bei gas- und dieselmotorischen Wärmepumpen besteht eine deutlich höhere durchschnittliche Anlagenleistung von etwa 650 Kilowatt (thermisch). Bei den Wärmequellen ist die Verteilung ähnlich der der elektromotorischen Wärmepumpen. Knapp 50 Prozent nutzen die Außenluft und etwa 25 Prozent das Grund- oder Oberflächenwasser. Der Anteil der erdreichgekoppelten Anlagen ist hier mit 3 Prozent signifikant niedriger als bei den Elektrowärmepumpen. Dies liegt möglicherweise in dem für hohe Einheitenleistung hohen absoluten Flächenverbrauch begründet.

Kosten

Die Kosten für Wärmepumpenanlagen setzen sich aus den Aggregat- und Wärmequellenanlagekosten sowie den Kosten für den gegebenenfalls einzusetzenden Pufferspeicher zusammen. Je nach Systemkonfiguration liegen die spezifischen Anlagenkosten bei Elektrowärmepumpenanlagen mit einer Heizleistung von 13 bis 20 Kilowatt zwischen 1400 und 2300 DM je Kilowatt Heizleistung. Bei Absorptionswärmepumpen mit Heizleistungen von 20 bis 45 Kilowatt bewegen sie sich zwischen 1000 und 2000 DM je Kilowatt Heizleistung. Für verbrennungsmotorisch betriebene Wärmepumpenanlagen sind – ähnlich wie bei Absorptionswärmepumpen – kaum Kostenangaben verfügbar. Im Jahr 1991 wurden je nach erbrachter Heizleistung die Systemkosten zwischen 1000 und knapp 2000 DM je Kilowatt Heizleistung bestimmt.

Mit diesen Systemkosten sowie weiteren Annahmen über die Nutzungsdauer, die Instandhaltungs- und Wartungskosten, die Jahresarbeits- beziehungsweise Heizzahlen sowie der Aufwendungen für die Einsatz- und Hilfsenergien und der Beseitigungskosten können die Wärmebereitstellungskosten ermittelt werden. Sie belaufen sich bei den Elektrowärmepumpenanlagen auf etwa 13 bis 18 Pfennig pro Kilowattstunde. Für die Absorptionswärmepumpen ergeben sich rechnerisch Kosten von etwa 11 bis 16 Pfennig und für die Gasmotorwärmepumpen zwischen 12 und 18 Pfennig pro Kilowattstunde.

Umweltaspekte

Gegenüber konventionellen Wärmeerzeugern lassen sich durch Wärmepumpen der Primärenergieeinsatz und die Emissionen reduzieren. Bezogen auf die Heizenergienachfrage sind für eine Wärmepumpenanlage 97 Prozent und bei einer Ölheizung 141 Prozent der Nutzenergie an Primärenergieeinsatz aufzuwenden. Damit sind Wärmepumpensysteme mit einem merklich geringeren Primärenergieeinsatz als konventionelle Kesselanlagen zu betreiben.

Beispielhaft für elektromotorische Wärmepumpen können auf der Basis des derzeitigen Kraftwerksmix die spezifischen Emissionsfaktoren erdgekoppelter Wärmepumpen den spezifischen Emissionsfaktoren konventioneller Kesselanlagen gegenübergestellt werden. Hinsichtlich der Kohlendioxidemissionen weisen Wärmepumpenanlagen im Vergleich zu Gaskesselanlagen je nach Wärmequelle Minderungen von 5 bis 11 Prozent auf. Beim Ölkessel sind Minderungen der Kohlendioxidemissionen zwischen 32 und 36 Prozent erreichbar. Bei den Stickoxidemissionen liegen die Minderungen bei 27 bis 33 Prozent. Die Schwefeldioxidemissionen von Wärmepumpenanlagen sind gegenüber einem Gaskessel höher und im Vergleich zu einem Ölkessel niedriger.

Demnach kommt es bei Wärmepumpeneinsatz im Regelfall zu einer entsprechenden Einsparung an Primärenergie und den damit zusammen-

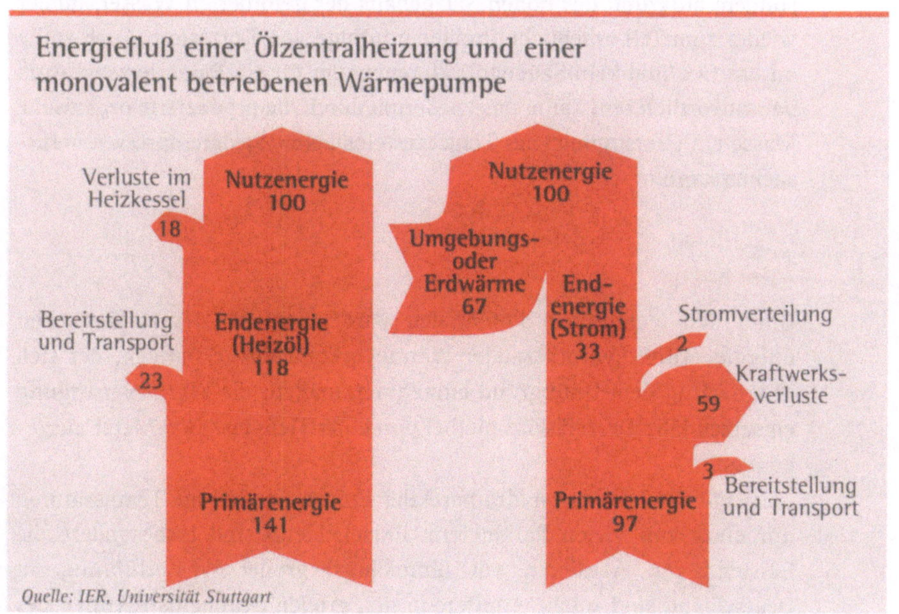

hängenden Stofffreisetzungen, die im wesentlichen von der Arbeitszahl der Wärmepumpe und dem eingesetzten Energieträger, zum Beispiel Erdgas, Dieselkraftstoff oder elektrische Energie, beeinflußt wird.

Hydrothermale Wärmegewinnung

Unter hydrothermaler Erdwärmenutzung versteht man die Nutzung des energetischen Potentials niedrigthermaler, warmer (40 bis 100 Grad Celsius) oder heißer (über 100 Grad Celsius), aus der Erdkruste ausfließender oder gewinnbarer Wässer für Wärmeversorgungsaufgaben. Die hydrothermale Energie wird seit vielen Jahren, insbesondere für balneologische Zwecke, genutzt. Entsprechend ist die Technik weitgehend verfügbar.

Demgegenüber ist die ausschließlich energetische Nutzung mit entsprechenden Wärmezentralen in Deutschland vergleichsweise neu. Mit solchen Anlagen wird das warme Wasser gefördert, genutzt und wieder in den Untergrund verpreßt. Diese Technik ist zwischenzeitlich weitgehend betriebssicher und störungsfrei verfügbar. Trotzdem gibt es, insbesondere aufgrund des hohen Salzgehalts der geförderten Wässer, immer wieder zum Teil erhebliche Probleme infolge von Korrosion. Auch sollte an das Geofluid kein Sauerstoff kommen, der für ein Bakterienwachstum verantwortlich sein kann, das wiederum durch die produzierte organische Masse ein „Verstopfen" des Trägergesteins beim Wiedereinpressen verursachen kann.

Potentiale

Unter den technischen Potentialen wird jener Teil des zugänglichen Energievorrats hydrothermaler Wärmevorkommen verstanden, der sich gegenwärtig dem Untergrund entnehmen und für die Wärmeversorgung einsetzen läßt. Derzeit wird hierbei von einer Tiefe bis 3000 Meter ausgegangen.

Für die Nutzung hydrothermaler Erdwärme sind die Temperaturen nur einer von vielen Parametern. Entscheidend sind insbesondere die Existenz von Aquiferen mit hinreichend großer Wasserführung. In Deutschland sind solche Aquifere in den großen Sedimentstrukturen des norddeutschen Beckens, des Oberrheintalgrabens und im süddeutschen Molassebecken zu finden.

Für den Bereich des Molassebeckens liegen die technischen Potentiale bei rund 88 Exajoule. Dies entspricht einer zu installierenden thermischen Gesamtleistung von knapp 100 Gigawatt. Insgesamt könnte allein im Malmkarst (54,6 Exajoule) eine thermische Heizwerksleistung von rund 60 Gigawatt installiert werden, das heißt bei einer mittleren Heizwerksgröße von 10 Megawatt etwa 6000 Anlagen. Dabei wurden keine nachfrageseitigen Restriktionen berücksichtigt. Werden für eine potentielle Nutzung der Tiefenwässer insbesondere Kommunen mit einer Mindestgröße bei einer für die Fernwärmeerschließung ausreichenden Siedlungsdichte, Industriebetriebe mit einer hohen Niedertemperaturwärmenachfrage oder Standorte mit der Möglichkeit der kombinierten stofflichen und thermischen Nutzung unterstellt und nehmen derartige Wär-

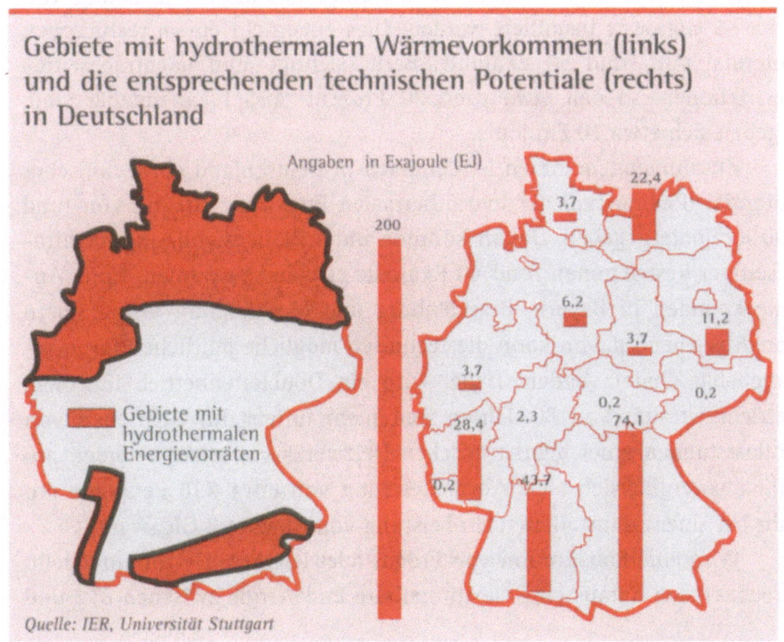

meverbraucher rund 20 Prozent des Untersuchungsraumes ein, läßt sich das technisch nutzbare Potential mit etwa 18 Exajoule quantifizieren.

Für das Gebiet des Oberrheintalgrabens liegt das technische Potential bei rund 60 Exajoule. Dies entspricht einer zu installierenden thermischen Leistung von rund 67 Gigawatt. Werden auch hier lediglich 20 Prozent des Potentials als tatsächlich nutzbar angesehen, ergeben sich etwa 12 Exajoule.

Das Gebiet des norddeutschen Beckens nimmt mit etwa 100 000 Quadratkilometern ein Viertel der deutschen Landesfläche ein. Für das ostdeutsche Gebiet sind nördlich der Linie Magdeburg-Berlin-Cottbus geothermische Schichtwässer in flächenhafter Verbreitung mit Temperaturen von 40 bis 100 Grad Celsius in Tiefen von 1000 bis 2500 Metern vorhanden. Der Flächenanteil mit thermalwasserführenden Aquiferen mit einer potentiellen Eignung für eine geothermische Nutzung dürfte bei etwa 50 Prozent, also rund 50 000 Quadratkilometern, liegen. Damit könnten etwa 17 000 Doubletten mit einer thermischen Leistung von etwa 55 Gigawatt installiert werden. Dies entspricht einem technischen Potential von rund 50 Exajoule. Berücksichtigt man nachfrageseitige Restriktionen, so daß etwa rund 20 Prozent tatsächlich nutzbar sind, ergeben sich etwa 10 Exajoule.

Zusammengenommen ist demnach in Deutschland ein technisches Potential (Ressourcen) der hydrothermalen Erdwärmenutzung von rund 200 Exajoule gegeben. Davon könnten unter Berücksichtigung nachfrageseitiger Restriktionen rund 40 Exajoule erschlossen werden. Hohe Anteile kommen in Bayern, Brandenburg und Mecklenburg-Vorpommern vor. Ausgehend davon kann die technisch mögliche jährliche Wärmeabgabe abgeschätzt werden. Dabei wird ein Doublettenbetrieb in einem Betriebszeitraum von 50 Jahren und mehr unterstellt. Geht man von Vollaststunden eines geothermischen Heizwerks von 5000 Stunden pro Jahr aus, ergibt sich eine Wärmelieferung von etwa 796 Petajoule pro Jahr bei einer zu installierenden Leistung von rund 44,2 Gigawatt.

Wird eine Substitution von Erdgas oder leichtem Heizöl unterstellt, errechnet sich daraus eine substituierbare Endenergie zwischen 812 und

914 Petajoule pro Jahr. Verglichen mit dem Endenergieverbrauch in Deutschland entspricht dies 9 bis 10,2 Prozent.

Nutzung

In Deutschland werden seit langem thermale Tiefenwässer auch energetisch genutzt. Aufgrund der zum Teil ausschließlichen balneologischen Nutzung, insbesondere bei den in Süddeutschland betriebenen Bädern, ist jedoch eine Abschätzung der bereits realisierten Nutzung hydrothermaler Wärmevorkommen schwierig. Näherungsweise kann für 1994 von einem Ausbaustand von etwa 34 Megawatt an thermischer Leistung ausgegangen werden.

Die großtechnische Nutzung für die Fernwärmeversorgung begann 1984 mit dem geothermischen Heizwerk in Waren/Müritz (5 Megawatt) in der ehemaligen DDR. Derzeit werden drei Heizwerke mit einer Gesamtleistung von 23 Megawatt betrieben. Die modernste Anlage ging im April 1995 in Neustadt-Glewe in Mecklenburg-Vorpommern in Betrieb. Diese geothermische Heizzentrale versorgt bei einer Gesamtleistung von 10 Megawatt über 1500 Haushalte und gewerbliche Kunden.

Kosten

Die für die Gewinnung hydrothermaler Energie anfallenden Gesamtkosten setzen sich aus den fixen Aufwendungen, zum Beispiel jährlicher Kapitaldienst, Instandhaltungs-, Personal- und sonstige Fixkosten, sowie den variablen Kosten, zum Beispiel der Einsatz von Hilfsenergie, zusammen.

Die Investitionen geothermischer Heizwerke resultieren im wesentlichen aus den Aufwendungen für die Bohrungen mit Installation (Untertageteil), für den obertägigen Thermalwasserkreislauf, für wärmetechnische Ausrüstungen wie Wärmetauscher und Wärmepumpen sowie für die übrige technische Ausrüstung, für Grundstücke und für Bauwerke. Den Hauptteil der Investitionen nehmen mit 50 bis 75 Prozent die Bohrungen ein. Die Kosten liegen im Tiefenbereich von 1000 bis 3000 Meter zwischen 2 und 6 Millionen DM pro Bohrung. Die Kosten für die übrigen obertägigen Investitionen resultieren aus der Thermalwasserleitung mit rund 600 DM pro Meter, den Systemkomponenten wie Filter, Slop und Behälter mit etwa 50 DM und dem Wärmetauscher mit etwa 25 DM je Kilowatt. Dazu kommen neben der Wärmepumpe mit 500 bis 1000 DM je Kilowatt Kühlleistung noch die Rohrleitungen, die Steuerung sowie die Stromversorgung mit rund 100 DM je Kilowatt. Außerdem sind Gebäude und Grundstücke mit etwa 750 000 DM zu berücksichtigen. Sonstige Kosten und Baunebenkosten liegen bei etwa 15 Prozent der Gesamtinvestitionen.

Der hohe Fixkostenanteil bewirkt bei steigender Auslastung deutlich sinkende Wärmekosten. Lediglich die Energiekosten für den zur Umwälzung des Thermalwassers und andere Antriebe benötigten Stroms sind verbrauchsabhängig. Der jährlich anfallende Kapitaldienst wurde dabei für eine 25jährige technische Nutzungsdauer ermittelt. Demnach ergeben sich bei Vollaststunden von rund 5000 Stunden pro Jahr, das entspricht einem hohen Grundlastanteil, Wärmegestehungskosten zwischen 4,4 und 10 Pfennig pro Kilowattstunde beziehungsweise 12 bis 28 DM je Gigajoule. Diese Kosten sind abhängig von der Tiefe der Lagerstätte. Bei geringeren Vollaststunden kommt man zu entsprechend höheren Kosten.

Umweltaspekte

Als Kriterien für die Umweltverträglichkeit werden auch hier die Energie- und Emissionsbilanzen – erstellt unter Berücksichtigung der vor- und nachgelagerten Prozesse – herangezogen. Sie werden exemplarisch für eine geothermische Heizzentrale aufgestellt, die durch eine Wärmebereitstellung von 114 Terajoule pro Jahr und eine technische Lebensdauer von 25 Jahren gekennzeichnet ist. Dabei wird, wie bei geothermischen Heizzentralen üblich, fossil zugefeuert. 45 Prozent der Nutzenergie resultiert aus Erdwärme, 16 Prozent aus leichtem Heizöl und 39 Prozent aus Erdgas.

Der kumulierte Energieaufwand wird im wesentlichen durch den fossilen Energieträgereinsatz bestimmt und liegt bei rund 715 Gigajoule Primärenergie je Terajoule Endenergie. Wird demgegenüber nur der primärenergetisch bewertete Gesamtenergieaufwand für die Anlage an sich bestimmt, errechnet sich ein Energieaufwand von etwa 87 Gigajoule Primärenergie je Terajoule Endenergie. Die daraus resultierenden primärenergetischen Erntefaktoren liegen bei rund 12 bis 13 und die entsprechenden Amortisationszeiten bei etwas über 3 Monaten.

Entsprechend können auch die kumulierten Emissionen für die beispielhaft betrachteten Stofffreisetzungen erstellt werden. Bezogen auf die bereitgestellte Endenergie liegen die kumulierten Schwefeldioxidemissionen demnach bei rund 32,6 Kilogramm, die Stickoxidemissionen bei 37,8 Kilogramm und die Kohlendioxidemissionen bei etwa 40 bis 41 Tonnen je Terajoule. Dabei kommen die wesentlichen Stofffreisetzungen aus dem Anlagenbetrieb und damit aus den eingesetzten fossilen Energieträgern. Verglichen damit hat die Anlagenerrichtung nur einen untergeordneten Einfluß auf die Emissionsbilanzen. Dies gilt noch mehr für die Entsorgung der Anlage. Vor dem Hintergrund der sonstigen Emissionen ist dieser Lebenswegabschnitt vernachlässigbar.

Nutzung der in heißen, tiefen Gesteinskörpern enthaltenen Wärme

Die Technik zur Nutzbarmachung der in den heißen Gesteinsschichten im tiefen Untergrund befindlichen Energie steht noch am Anfang der Entwicklung. Bisher konnte weltweit – trotz erheblicher Forschungsanstrengungen – noch keine Anlage realisiert werden, mit der die Nutzung dieser Energiequelle und damit diese Technik demonstriert werden konnte. Die noch gegebenen Probleme liegen dabei primär in der Erschließung des Wärmespeichermediums. Beispielsweise konnte noch kein homogenes und kluftenfreies Tiefengestein erschlossen werden. Auch ist die Errichtung einer wegen der schlechten Wärmeleitfähigkeit des Gesteins benötigten ausreichend großen Wärmetauscherfläche im tiefen Untergrund bisher kaum technisch beherrschbar. Bei realisierten Versuchsanlagen war deshalb der Energieaufwand für das Verpressen des kalten und das Fördern des heißen Wärmeträgermediums infolge der hohen Fließwiderstände im untertägigen Wärmetauschersystem sehr hoch. Außerdem ist es zu erheblichen Verlusten an in das Gestein verpreßtem Wärmeträgermedium gekommen. Deshalb ist aus gegenwärtiger Sicht davon auszugehen, daß eine großtechnische Energiebereitstellung aus heißen, trockenen Tiefengesteinen in den nächsten Jahren nicht möglich sein wird.

> Für die großtechnische Energiegewinnung aus heißen, trockenen Tiefengesteinen bedarf es noch umfangreicher Forschungsarbeiten

Potentiale

Insgesamt dürfte bis in eine Tiefe von rund 10 000 Metern unterhalb der Gebietsfläche Deutschlands eine Energiemenge von rund 10 Millionen Exajoule (10^{25} Joule) gespeichert sein. Dabei wurde unterstellt, daß dem Gestein die Wärme theoretisch bis auf rund 20 Grad Celsius entzogen werden könnte.

Daraus errechnet sich unter Berücksichtigung zahlreicher Restriktionen ein technisches Potential einer Wärmegewinnung aus dem tiefen Untergrund von etwa 750 Petajoule pro Jahr. Wird eine Substitution von leichtem Heizöl oder Erdgas unterstellt, ergibt sich eine diesem technischen Potential entsprechende substituierbare Endenergie von 765 bis 862 Petajoule pro Jahr. Bezogen auf den Endenergieverbrauch in Deutschland von 9000 Petajoule im Jahr 1994 entspricht dies zwischen 8,5 und 9,6 Prozent.

Nutzung

Die in tiefen trockenen Gesteinskörpern enthaltene Wärme wird gegenwärtig noch nicht genutzt. Die einzige Ausnahme stellen wenige Forschungsprojekte dar, mit dem Ziel, die Nutzungstechnik zu entwickeln beziehungsweise zu verbessern.

Kosten

Die Investitionen für eine Hot-Dry-Rock-Anlage zur Energiebereitstellung resultieren zunächst aus den Kosten für wenigstens zwei Tiefbohrungen – eine Injektions- und eine Produktionsbohrung. Die Aufwendungen hierfür liegen bei Bohrtiefen von 6000 Metern bei etwa 12 bis 15 Millionen DM pro Bohrung. Außerdem fallen für die Schaffung eines Hot-Dry-Rock-Wärmeaustauschsystems im Untergrund sowie die Untersuchungen zur Bestimmung der Rißausbreitungsrichtung für die Lokalisierung der zweiten, den Wasserkreislauf schließenden Bohrung, entsprechende Kosten an. Hinzu kommen die Aufwendungen für den Bau der obertägigen Einrichtungen, zum Beispiel für eine Nah- oder Fernwärmezentrale beziehungsweise einem Kraftwerk zur Stromerzeugung, unter Umständen mit Kraft-Wärme-Kopplung.

Betriebskosten fallen – außer für den Betrieb der Nah- oder Fernwärmezentrale beziehungsweise des geothermischen Kraftwerks – für den Betrieb der Pumpen zur Zirkulation des Wärmeträgermediums und für den Transport der Erdwärme zur Wärmezentrale beziehungsweise zum Kraftwerk an.

Modellrechnungen mit optimistischen Annahmen haben gezeigt, daß Stromerzeugungskosten aus Hot-Dry-Rock-Systemen beispielsweise im Oberrheintalgraben von rund 30 bis 40 Pfennig pro Kilowattstunde möglich sein könnten. Entsprechend geringer wären die Wärmegestehungskosten.

Biomasse – grundsätzliche Nutzungsmöglichkeiten

Biomasse fällt außer in der Land- und Forstwirtschaft auch in vielen anderen Bereichen der Volkswirtschaft als Abfall und als Nebenprodukt an. Darüber hinaus kann sie bewußt mit dem Ziel der energetischen Nutzung angebaut werden. Biomasse kann auf sehr unterschiedliche Weise energetisch genutzt werden.

Die grundsätzlichen Möglichkeiten einer Energiebereitstellung aus

Biomasse befinden sich in sehr unterschiedlichen Entwicklungsphasen. Deshalb kommen gegenwärtig nur wenige der theoretisch denkbaren Verfahrenslinien auch tatsächlich zum Einsatz.

Bei der Verbrennung und damit dem direkten Einsatz der Biomasse als fester Brennstoff wird – nach einer einfachen mechanischen Aufbereitung – die im organischen Material gebundene chemische Energie durch Oxidation primär von Kohlenstoff zu Kohlendioxid und Wasserstoff zu Wasser in Wärme umgewandelt. Im einfachsten und bei weitem häufigsten Fall wird dazu die Biomasse in der Verbrennungsanlage im Anschluß an eine mechanische Aufbereitung in der Feuerungskammer thermisch umgesetzt.

Die thermischen Leistungen der hierfür im Regelfall eingesetzten Verbrennungsanlagen erstrecken sich über einen großen Bereich, der von Kleinanlagen für Hausheizungen über industrielle und kommunale Heizwerke bis hin zu Großkraftwerken reichen kann. Dabei wird vorrangig Nieder-, Mittel- und gegebenenfalls Hochtemperaturwärme bereitgestellt, die direkt oder über Nah- beziehungsweise Fernwärmenetze genutzt werden kann. In Großkraftwerken kann, teilweise auch in Kombination mit fossilen Energieträgern, Strom erzeugt werden. Von allen Möglichkeiten, Biomasse zur Energiegewinnung zu nutzen, wird die direkte Verbrennung am häufigsten eingesetzt.

Für verschiedene Anwendungen, wie zum Beispiel die mobile Krafterzeugung und die Stromerzeugung mit einer Gasturbine, ist es aus technischen, energetischen und umweltlichen Gründen sinnvoll oder sogar notwendig, aus den festen Bioenergieträgern feste, flüssige oder gasförmige Sekundärenergieträger herzustellen. Der Umwandlung in Nutzenergie werden hier also Veredelungsprozesse vorgeschaltet, bei denen die Energieträger hinsichtlich einer oder mehrerer Eigenschaften aufgewertet werden. Hierunter fallen beispielsweise Aufwertungen hinsichtlich der Energiedichte, der Handhabung, der Speicher- und Transporteigenschaften, der Umweltverträglichkeit der energetischen Nutzung oder dem Potential zur Substitution fossiler Energieträger. Bei den wichtigsten Verfahren zur Umwandlung fester organischer Stoffe in feste, flüssige oder gasförmige Sekundärenergieträger kann zwischen thermochemischen, physikalisch-chemischen und biochemischen Veredelungsverfahren unterschieden werden. Im Regelfall geht diesen Verfahren jeweils eine mechanische Aufbereitung der Biomasse voraus.

Bei den thermochemischen Verfahren erfolgt die Umwandlung primär unter Wärmeeinfluß. Dabei kann zwischen der Pyrolyse (Herstellung eines flüssigen Energieträgers in einem Prozeß), der Vergasung (Herstellung eines Brenngases), der Verkohlung (Herstellung eines Festbrennstoffs) und der Verflüssigung (Herstellung eines flüssigen Energieträgers wie Methanol über den Zwischenschritt der Vergasung) unterschieden werden.

Die thermische Zersetzung von organischem Material unter Sauerstoffabschluß bildet dabei die Grundlage aller thermochemischen Veredelungsverfahren. Sie dient üblicherweise der Gewinnung flüssiger und gasförmiger Sekundärenergieträger. Unter dem Einfluß von Wärme werden die langkettigen Kohlenwasserstoffverbindungen, aus denen die organischen Stoffe aufgebaut sind, aufgespalten. Die Zusammensetzungen der entstehenden flüssigen und gasförmigen sowie der (zurückbleibenden) festen Phase hängen dabei von zahlreichen Parametern ab und können innerhalb bestimmter Grenzen beeinflußt werden.

Bei der Vergasung wird die Biomasse bei hohen Temperaturen möglichst vollständig in Brenngase umgewandelt. Im Unterschied zur Pyrolyse wird dem Prozeß unterstöchiometrisch ein sauerstoffhaltiges Vergasungsmittel zugeführt. Zum einen wird dieser Sauerstoff benötigt, um den bei der Pyrolyse zurückgebliebenen festen Kohlenstoff zu Kohlenmonoxid (CO) zu vergasen. Zum anderen wird durch die dadurch mögliche teilweise Verbrennung des Einsatzmaterials die erforderliche Prozeßwärme zur Aufrechterhaltung des Gesamtprozesses bereitgestellt.

Unter einer Verkohlung von Biomasse wird eine thermochemische Veredelung mit dem Ziel einer möglichst hohen Ausbeute an Festbrennstoff, das heißt an Holzkohle verstanden. Die Biomasse wird dabei durch Wärme zersetzt. Die erforderliche Energie wird häufig durch Teilverbrennung des Rohstoffs oder bei den heute eingesetzten industriellen Verfahren durch eine Nutzung des freiwerdenden Pyrolysegases bereitgestellt. Die Verkohlung unterscheidet sich also nicht grundsätzlich von der

Pyrolyse beziehungsweise der Vergasung. Im Prozeß werden aber die Anteile an flüssigen und gasförmigen Produkten minimiert und damit die Kohleausbeute maximiert.

Bei der thermochemischen Verflüssigung wird die Biomasse unter dem Wärmeeinfluß mit dem Ziel einer möglichst hohen Ausbeute an flüssigen Energieträgern veredelt. Zu den gängigsten Verfahren zählen die Pyrolyse, die chemische Reduktion und die Methanolsynthese. Bei der Pyrolyse und der chemischen Reduktion handelt es sich um direkte Verfahren, da die (feste) Biomasse unmittelbar und ohne einen weiteren Zwischenschritt in einen flüssigen Sekundärenergieträger umgewandelt wird. Bei der Methanolsynthese dagegen wird zunächst durch Vergasung ein Synthesegas erzeugt, aus dem dann Methanol gebildet wird. Sie wird daher als indirektes Verfahren oder mit dem Begriff der Verflüssigung bezeichnet.

Die Gewinnung von Pflanzenöl beispielsweise aus Rapssaat erfolgt durch Pressung und Extraktion des in der Saat enthaltenen Öls. Durch eine katalytische Umesterung läßt sich das derart gewonnene Pflanzenöl unter anderem hinsichtlich Viskosität, Dichte und Zündwilligkeit an die Eigenschaften von Dieselkraftstoff angepaßen. Beispiel hierfür ist der Methylester aus Rapsöl.

Bei den biochemischen Veredelungsverfahren erfolgt die Umwandlung von Biomasse in Sekundärenergieträger mit Hilfe von Mikroorganismen. Beim anaeroben Abbau organischer Stoffe, das heißt einem Abbau unter Sauerstoffabschluß, entsteht ein wasserdampfgesättigtes Mischgas, das sogenannte Biogas, das zu 55 bis 70 Prozent aus Methan besteht.

Beim aeroben Abbau organischer Stoffe wird die Biomasse mit Luftsauerstoff unter Wärmefreisetzung oxidiert, das heißt also kompostiert. Die produzierte Wärme kann beispielsweise mit Wärmepumpen gewonnen und als Niedertemperaturwärme genutzt werden. Gegenwärtig werden in Deutschland große Mengen organischer Abfälle kompostiert. Eine Gewinnung der dabei frei werdenden Energie wird aber aufgrund einer Reihe damit verbundenen Probleme und der meist mangelnden

Niedertemperaturwärmenachfrage am Standort der Kompostierungsanlage kaum realisiert.

Zucker-, stärke- und zellulosehaltige Biomasse kann durch eine alkoholische Gärung unter anderem in Ethanol überführt werden. Der entstandene Alkohol kann im Anschluß an eine weitere Aufbereitung als Treib- und Brennstoff in Motoren oder Verbrennungsanlagen als Energieträger eingesetzt werden.

Biogene Festbrennstoffe

Die Verbrennung stellt das „klassische" Verfahren zur Nutzung biogener Festbrennstoffe dar. Die Technologie ist innerhalb eines sehr großen Leistungsbereichs betriebssicher verfügbar und ist bereits im großtechnischen Einsatz. Auch die administrativen Vorgaben zur Schutz der Umwelt können mit den modernen Anlagen auch bei schnellen Lastwechseln und bei Teillast weitgehend betriebssicher eingehalten werden. Dabei sind die derzeit verfügbaren Anlagen primär zur Bereitstellung von Wärme ausgelegt. Zwar ist grundsätzlich auch eine Stromerzeugung möglich, aufgrund des niedrigen Ascheschmelzpunktes von Biomasse beispielsweise jedoch technisch aufwendiger und damit schwieriger. Hier ist vor allem eine Zufeuerung in existierenden Kohlekraftwerken eine vergleichsweise aussichtsreiche Möglichkeit.

Die Vergasung stellt eine vielversprechende Option insbesondere zur Stromerzeugung dar. Dies gilt aufgrund der realisierbaren hohen Stromwirkungsgrade und wegen der relativ hohen Umweltfreundlichkeit. Deshalb wurden auch erhebliche Forschungsanstrengungen unternommen, diese Technologie großtechnisch verfügbar zu machen. Dies ist bisher aber kaum gelungen. Kommerziell sind nur einige wenige Vergasungsanlagen zur Wärmebereitstellung in Schweden und Finnland in Betrieb. Anlagen zur Stromerzeugung – nur hier kommt der eigentliche Vorteil der Vergasung voll zum Tragen – existieren derzeit nur als Pilotprojekte. Probleme gibt es insbesondere mit der Gasreinigung. Die Gasturbine beziehungsweise der Gasmotor verlangen ein weitgehend teer- und staubfreies Brenngas. Dies in der benötigten Reinheit zu gewährleisten, ist derzeit nur mit einem hohen Aufwand möglich, der aufgrund der damit verbundenen hohen Kosten und der ungelösten technischen Probleme derzeit nur schwer großtechnisch umgesetzt werden kann. Deshalb stellt die Vergasung nur eine Option für die Zukunft dar.

Potentiale

Bei der Potentialanalyse muß unterschieden werden zwischen einer Vielzahl von Optionen zur Bereitstellung biogener Festbrennstoffe. In den Wäldern beziehungsweise bei deren Bewirtschaftung fällt organische Masse an. Das periodisch anfallende Aufkommen, zum Beispiel an Laub oder Fruchtständen, ist jedoch nicht energetisch verwertbar, da es zur Erhaltung des Humus- und Nährstoffgehalts im Wald verbleiben sollte. Im Gegensatz dazu ist das bei der Waldbewirtschaftung zusätzlich zum Stamm- beziehungsweise Industrieholz anfallende Holzaufkommen teilweise als Energieträger nutzbar. Dabei ist das bei der Stammholzernte als Schlagabraum verbleibende Waldrestholz, das heißt Derbholz in Form von Stammabschnitten und stärkeren Ästen, für einen Einsatz als Energieträger prädestiniert. Die zusätzlich zum Schlagabraum bei der Waldbewirtschaftung anfallende Biomasse ist dagegen energetisch kaum verwertbar. Die Gewinnung von Stock- und Wurzelholz beispielsweise stellt einen schweren Eingriff in den Waldboden dar. Eine Nutzung wird deshalb nicht unterstellt. Folglich wären theoretisch nur noch kleinere Äste und die im Wald anfallende Rinde energetisch einsetzbar. Aufgrund des geringen Aufkommens und des hohen Aufwands sind sie aber kaum nutzbar.

Das dem Waldrestholzaufkommen korrespondierende Potential ermittelt sich als Differenz der mittleren jährlichen Derbholzzuwachsraten, etwa 60 Millionen Kubikmeter pro Jahr, und dem Holzeinschlag, etwa 40 Millionen Kubikmeter pro Jahr. Wird die Brennholznutzung von etwa 5 Millionen Kubikmetern pro Jahr dem Derbholz zugerechnet, ergibt sich daraus ein Waldrestholzpotential von rund 15 Millionen Kubikmetern beziehungsweise etwa 142 Petajoule pro Jahr. Das sind etwa 1,6 Prozent des Endenergieverbrauchs im Jahr 1994. Die regionale Verteilung dieses Potentials orientiert sich an den Waldflächen. Die waldreichen süddeutschen Bundesländer weisen höhere und die weniger bewaldeten nördlich gelegenen Länder geringere technische Potentiale auf.

Bei durchschnittlichen Jahresnutzungsgraden von 70 bis 75 Prozent für holzgefeuerte Heizungsanlagen entspricht dies einer nutzbaren Wärme zwischen 99 und 106 Petajoule pro Jahr. Bei einer unterstellten Stromerzeugung in konventionellen Anlagen resultiert daraus mit Nutzungsgraden von rund 30 Prozent eine elektrische Energiegewinnung von 15,3 Terawattstunden pro Jahr. Bezogen auf die Bruttostromerzeugung sind dies 2,9 Prozent.

Zusätzlich fallen bei der industriellen Holzbe- und -verarbeitung feste organische Abfälle, das sogenannte industrielle Restholz, an. Im produzierenden Gewerbe Deutschlands sind 1992 rund 6,7 Millionen Tonnen Trockensubstanz allein in der Sägeindustrie und bei der Weiterverarbeitung des Schnittholzes angefallen. Davon werden aber in der Papier- und Spanplattenindustrie bereits rund 4,5 Millionen Tonnen Trockensubstanz stofflich verwertet. Wird für die verbleibenden 2,2 Millionen Tonnen Trockensubstanz eine energetische Nutzung unterstellt, errechnet sich ein Energiepotential von rund 40 Petajoule pro Jahr.

Auch in vielen anderen Bereichen der Volkswirtschaft scheidet Altholz ordnungsgemäß aus dem Nutzungsprozeß aus. Beispiele hierfür sind Holzverpackungen, Abbruchholz oder ausgesondertes Bauholz. Ohne Berücksichtigung des Altpapiers fallen in Deutschland jährlich insgesamt zwischen 2,5 und 3,5 Millionen Tonnen Trockensubstanz zum Teil kontaminierten Altholzes an. Dies entspricht einem Energiepotential von etwa 54 Petajoule pro Jahr.

An den Straßenrändern, in Parks und öffentlichen Anlagen sowie auf Friedhöfen fällt weitere als pflanzlicher Abfall anzusehende Biomasse an. Grobe Schätzungen gehen von einem gesamten Biomasseaufkommen von rund 1,5 Millionen Tonnen pro Jahr aus. Jedoch ist nicht die gesamte anfallende organische Masse energetisch nutzbar, da zum Teil ein sehr geringes flächenbezogenes Aufkommen gegeben und damit eine technisch sinnvolle Gewinnung nicht möglich ist. Teilweise wird die Biomasse auch kompostiert, um sie anschließend als Bodenverbesserer erneut, beispielsweise in Parks oder auf Friedhöfen, auszubringen. Werden derartige

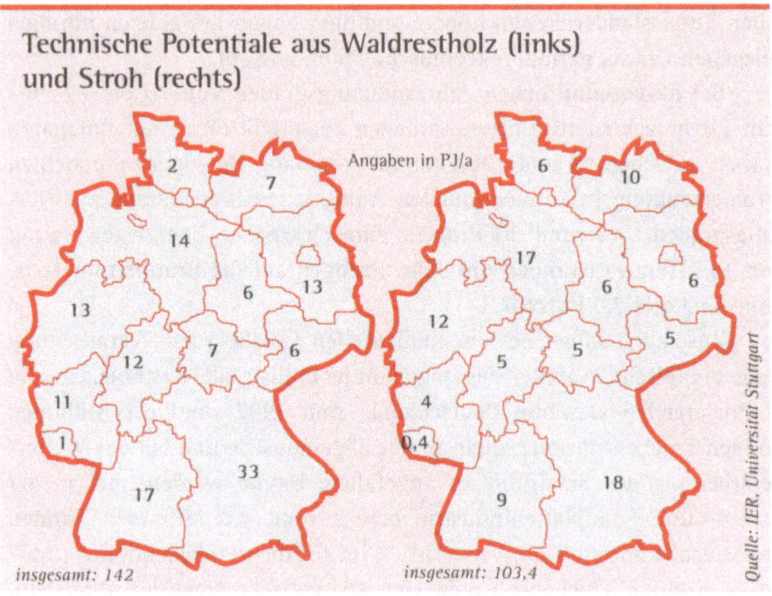

Restriktionen berücksichtigt, errechnet sich ein Energiepotential der als Straßenbegleitgrün und in öffentlichen Grünanlagen anfallenden und energetisch nutzbaren holzartigen Biomasse von rund 5 Petajoule pro Jahr. Zusätzlich dazu fällt in weiteren Bereichen der Volkswirtschaft holzartige Biomasse an, zum Beispiel in Vor- und Schrebergärten, in Obstplantagen und auf Streuobstwiesen, bei der Pflegenutzung. Dieses Biomasseaufkommen dürfte jedoch relativ gering und nur sehr eingeschränkt technisch gewinnbar sein. Außerdem ist es gegenwärtig nicht genau quantifizierbar. Die daraus möglicherweise resultierenden Energiepotentiale werden deshalb hier nicht betrachtet.

Aus dem industriellen Restholz, dem Altholz und der holzartigen kommunalen Biomasse errechnet sich ein Gesamtenergiepotential von rund 99 Petajoule pro Jahr. Bezogen auf den Endenergieverbrauch in Deutschland sind dies rund 1,1 Prozent. Wird für dieses Holzaufkommen eine Wärmebereitstellung bei durchschnittlichen Jahresnutzungsgraden von 70 bis 75 Prozent unterstellt, errechnet sich eine nutzbare Wärme zwischen 69 und 74 Petajoule pro Jahr. Wird demgegenüber von einer Stromerzeugung in Anlagen mit Nutzungsgraden von rund 30 Prozent ausgegangen, entspricht dies einer Stromerzeugung von 8,2 Terawattstunden pro Jahr. Bezogen auf die Bruttostromerzeugung sind dies 1,6 Prozent.

Bei den energetisch nutzbaren Nebenprodukten der landwirtschaftlichen Pflanzenproduktion handelt es sich im wesentlichen um das bei der Getreideerzeugung anfallende Stroh. Es wird bereits vielfach verwertet, im Regelfall jedoch nicht energetisch, sondern zum Beispiel als Einstreu in der Nutztierhaltung oder als Zuschlag in der Ackerkrume. Nur das danach noch verbleibende Biomasseaufkommen ist als Energieträger nutzbar.

Das gesamte technisch gewinnbare Strohaufkommen kann aus der für die jeweilige Getreideart genutzten Anbaufläche, dem regional unterschiedlichen Kornertrag und dem mittleren Korn-Stroh-Verhältnis abgeschätzt werden. Für Deutschland ergibt sich daraus ein Strohanfall von rund 39,1 Millionen Tonnen pro Jahr. Wird davon – wegen der dargestellten Restriktionen – rund ein Fünftel als energetisch nutzbar angesehen, errechnet sich ein Energiepotential von etwa 104 Petajoule pro Jahr. Bezogen auf den Endenergieverbrauch sind dies knapp 1,2 Prozent. Bei durchschnittlichen Jahresnutzungsgraden von 70 bis 75 Prozent für strohgefeuerte Heizungsanlagen entspricht dies einem Nutzenergieaufkommen an Wärme zwischen 73 und 78 Petajoule pro Jahr. Wird demgegenüber eine Stromerzeugung in Anlagen mit einem Dampfkreislauf unterstellt, errechnet sich mit durchschnittlichen Nutzungsgraden von rund 30 Prozent ein theoretisches Aufkommen an elektrischer Energie von 8,7 Terawattstunden pro Jahr. Bezogen auf die Bruttostromerzeugung entspricht dies knapp 1,7 Prozent. Die regionale Verteilung dieses technischen Potentials innerhalb Deutschlands korreliert im wesentlichen mit der Getreideanbaufläche.

Die landwirtschaftliche Nutzfläche liegt in Deutschland bei etwa 17 Millionen Hektar. Sie wird hauptsächlich zur Nahrungsmittelproduktion genutzt. Damit resultiert die für eine Energieproduktion verbleibende Fläche aus der Ackerfläche, die für die Lebensmittelerzeugung und damit die Versorgung der Bevölkerung mit Nahrungsmitteln nicht benötigt wird.

Innerhalb der Europäischen Union (EU) sind verschiedene landwirtschaftliche Erzeugnisse durch eine Überproduktion gekennzeichnet. So lag beispielsweise 1993/94 der Selbstversorgungsgrad für Getreide in der EU bei 115 Prozent und in Deutschland bei 113 Prozent. Deshalb wurden in Deutschland 1994 rund 1,61 Millionen Hektar infolge von Stillegungsmaßnahmen aus der Produktion genommen.

Durch diese Maßnahmen wird aber die landwirtschaftliche Überproduktion in Deutschland beziehungsweise der EU nicht vollständig abgebaut. Deshalb wäre – unter Berücksichtigung der Sicherstellung einer ausreichenden Lebensmittelversorgung der Bevölkerung – durchaus ein höherer Anteil der Ackerfläche theoretisch für einen Anbau nicht zur Nahrungsmittelerzeugung dienender Pflanzen nutzbar. Dafür wird oft eine Fläche zwischen 2 und 2,5 Millionen Hektar genannt. Unter Berücksichtigung sonstiger Flächen und der Unterstellung weiterer Ertragssteigerungen durch verbesserte Sorten könnte mittel- bis langfristig eine Fläche verfügbar werden, die bei 3 bis 5 Millionen Hektar liegen könnte.

Diese Flächen stehen in einer Konkurrenzsituation mit einem Anbau, zum Beispiel von Rohstoffen für die chemische oder pharmazeutische Industrie, einer Extensivierung oder einer Flächenstillegung. So wurden etwa 1993/94 auf rund 113 000 Hektar stärkehaltige Pflanzen für den Einsatz in der Papierindustrie, im Textilbereich und für biotechnologische Zwecke angebaut. Die Herstellung derartiger Produkte ist zum Teil mit einer höheren Wertschöpfung verbunden als die Energieträgerbereitstellung. Damit dürften freiwerdende Flächen primär durch den Anbau von Rohstoffpflanzen für nichtenergetische Zwecke genutzt werden.

Deshalb wird nicht die gesamte stillgelegte beziehungsweise nicht mehr für eine Nahrungsmittelproduktion benötigte Fläche für einen Energiepflanzenanbau verfügbar sein. Für die Abschätzungen einer Energieproduktion aus Energiepflanzen wird daher unterstellt, daß mindestens 1 Million Hektar verfügbar, etwa 2 Millionen Hektar eine realistische Obergrenze darstellen und unter günstigsten optimalsten Bedingungen theoretisch 4 Millionen Hektar nutzbar sein könnten. Auf diesen Flächenpotentialen von 1, 2 und 4 Millionen Hektar kann ein Anbau von Getreideganzpflanzen, Gräsern und im Kurzumtrieb bewirtschafteten Baumarten angenommen werden.

Bei einem unterstellten Anbau verschiedener Wintergetreidesorten und einer Ganzpflanzennutzung wäre ein Energieaufkommen zwischen 172 und 686 Petajoule pro Jahr möglich. Werden demgegenüber Gräser mit hohem Biomasseertrag angebaut, bewegt sich das gewinnbare Energieaufkommen zwischen 210 und 841 Petajoule pro Jahr. Werden die Flächen mit schnellwachsenden Baumarten im Kurzumtrieb genutzt, liegt das Energiepotential zwischen 201 und 802 Petajoule pro Jahr. Bezogen auf den Endenergieverbrauch entspricht dies zwischen 1,9 und 9,2 Prozent.

Bei mittleren Nutzungsgraden zwischen 70 und 75 Prozent errechnet sich daraus eine Wärmebereitstellung zwischen 120 und 631 Petajoule pro Jahr. Bei einer unterstellten Stromerzeugung in Anlagen mit einem Nutzungsgrad von etwa 30 Prozent entspricht dies hypothetischen 14,3 bis 70,1 Terawattstunden pro Jahr. Bezogen auf die Bruttostromerzeugung sind das 2,7 bis 13,3 Prozent.

Nutzung

Biomasse kann in Kleinst-, Klein- und Großanlagen verbrannt und damit energetisch genutzt werden. Unter Kleinstanlagen werden Verbrennungsanlagen unterhalb 15 Kilowatt thermischer Leistung verstanden, die keinen regelmäßigen Emissionsmessungen unterliegen. In Deutschland dürften insgesamt 1,2 bis 1,3 Millionen derartiger biogen befeuerter Anlagen – überwiegend mit Handbeschickung – in Betrieb sein. Das entspricht etwa 5 Prozent des vorhandenen Kleinstanlagengesamtbestandes. Der entsprechende Brennstoffverbrauch liegt zwischen 24 und 26 Petajoule pro Jahr. Dabei wird aber ausschließlich Brennholz genutzt, holz- und strohartige Nebenprodukte und Abfälle kommen als Energieträger in Kleinstanlagen in Deutschland kaum zum Einsatz.

Unter Kleinanlagen werden entsprechend den gesetzlichen Bestimmungen holzbefeuerte Anlagen zwischen 15 Kilowatt und 1 Megawatt und strohbetriebene Feuerungen mit 15 bis 100 Kilowatt thermischer

Leistung zusammengefaßt. In Deutschland wurden 1992 im industriellen und gewerblichen Bereich etwa 23 800 derartiger Feuerungsanlagen mit Holz und rund 40 mit Stroh als Brennstoff betrieben. In den privaten Haushalten sind zusätzlich zwischen 175 000 und 180 000 holz- und strohbefeuerte Kleinanlagen vorhanden. Diese damit insgesamt rund 200 000 betriebenen Kleinanlagen entsprechen etwa 2 Prozent aller Anlagen dieser Leistungsklasse in Deutschland. Der mittlere Brennstoffeinsatz liegt bei etwa 50 Petajoule pro Jahr. Dabei stellen die manuell beschickten Anlagen bis etwa 50 Kilowatt den überwiegenden Teil solcher Feuerungen. Hier kommt im wesentlichen Brennholz und nur in sehr seltenen Fällen Waldrestholz oder Stroh zum Einsatz. Nur bei automatisch beschickten Feuerungen höherer Leistung wird zum Teil naturbelassenes, nicht stückiges industrielles Restholz genutzt.

Bei Großanlagen handelt es sich entsprechend der Technischen Anweisung (TA) Luft um Holzfeuerungsanlagen mit Leistungen zwischen 1 und 50 Megawatt, um Strohfeuerungen oberhalb 100 Kilowatt und um Feuerungen über 100 Kilowatt, in denen belastetes Altholz verbrannt wird. In Deutschland dürften derzeit etwa 900 bis 1100 Holz- und Strohfeuerungen dieser Leistungsklasse in Betrieb sein. Das sind etwa 12 bis 15 Prozent des Gesamtbestands. Mit mittleren Auslastungen resultiert daraus ein Brennstoffeinsatz von 29 bis 35 Petajoule pro Jahr. Überwiegend wird Industrierestholz, aber auch Altholz in wechselnden Anteilen ver-

Potentiale und deren derzeitige Nutzung in Kleinst-, Klein und Großanlagen (in PJ/a)

	Technische Potentiale	Kleinstanl.	Nutzung in Kleinanl.	Großanl.	Ungenutzte technische Potentiale
Brennholz		24,8	29,3		
Waldrestholz	ca. 142				ca. 142
Industrierestholz	ca. 40		18,3	21,4	
Altholz (ohne Papier)	ca. 54			8,4	ca. 46
Straßenbegleitgrün	ca. 5				ca. 5
Stroh	ca. 104	0,3	2,5	0,2	ca. 101
Klärschlamm	ca. 21			1,9	ca. 19
org. Müllfraktion	ca. 50			?	?

Quelle: IER, Universität Stuttgart

feuert. Stroh wird kaum eingesetzt. Außerdem kommen in rund 40 Prozent der installierten biomassebefeuerten TA-Luft-Anlagen zusätzlich fossile Brennstoffe, vor allem leichtes Heizöl, zum Einsatz. Zusätzlich dazu werden noch geringe Mengen an Straßenbegleitgrün in verschiedenen Müllverbrennungsanlagen eingesetzt.

Damit beschränkt sich die Biomassenutzung derzeit nahezu ausschließlich auf die Verbrennung. Andere Techniken, wie beispielsweise die Vergasung, finden gegenwärtig in Deutschland außer in Forschungs- und Entwicklungsvorhaben praktisch keine Anwendung.

Waldrestholz wird demnach in Deutschland nur zu einem zu vernachlässigenden Anteil genutzt. Demgegenüber werden rund 54 Petajoule pro Jahr an Brennholz aus deutschen Wäldern verkauft. Dabei handelt es sich jedoch nicht um Waldrestholz im eigentlichen Sinn, da Brennholz ein bei der Waldbewirtschaftung beziehungsweise beim Einschlag anfallendes Holzsortiment darstellt. Auch das vorhandene Strohpotential wird nur zu einem sehr kleinen Anteil genutzt. Gegenwärtig dürften nur rund 3 Petajoule pro Jahr an Stroh zur Energienachfragedeckung genutzt werden. Im Unterschied dazu wird das technische Potential des energetisch nutzbaren industriellen Restholzes nahezu vollständig zur Energiebereitstellung genutzt. Für die Betriebe der Holzbe- und -verarbeitung bietet sich aufgrund der meist gegebenen innerbetrieblichen Wärmenachfrage wegen der oft hohen Entsorgungskosten eine Verbrennung der Holzreste an. Dies gilt nicht für Altholz. Aufgrund der hohen Auflagen an die Rauchgasreinigung wird ein Teil des Altholzes derzeit nach wie vor deponiert. Von dem anfallenden Altholz dürften gegenwärtig nur etwa 15 Prozent, das sind etwa 8,4 Petajoule pro Jahr, in Müll- und sonstigen Abfallverbrennungsanlagen thermisch genutzt werden. Auch das technische Potential des Straßenbegleitgrüns wird derzeit praktisch kaum verwertet. Es verbleibt zum überwiegenden Teil am Straßenrand, wird zum geringeren Teil kompostiert und zu sehr geringen Anteilen in Müllverbrennungsanlagen „entsorgt".

Kosten

Die untere Bandbreite der möglichen Energieträgerkosten für Restholz wird dadurch festgelegt, daß es als ein Abfall der Stamm- und Industrieholzernte angesehen wird. Dann fallen nur die Kosten für die Verfügbarmachung an. Die obere Bandbreite ist definiert, wenn dem Restholz als ein verwertbares Nebenprodukt auch ein Teil des Aufwandes für die Herstellung des Hauptproduktes, und damit des Stamm- und Industrieholzes, angelastet wird.

Dabei variieren die jeweils resultierenden Energieträgerkosten erheblich in Abhängigkeit der entsprechenden Aufbereitung als Energieträger. Die massigeren Anteile beispielsweise sind in einer dem Brennholz vergleichbaren Form als Scheit- und Rollenholz oder als Hackschnitzel energetisch verwertbar. Letztere wiederum können lose oder verpreßt zu Briketts beziehungsweise Pellets als Energieträger eingesetzt werden.

Bei der Betrachtungsweise als Abfall sind nur die Sammel- und Aufbereitungskosten für die Verarbeitung zu Scheitholz oder zu Holzhackschnitzeln zu monetarisieren. Bei ersterer Variante liegen die Kosten frei Wald zwischen 6 und 14 DM und bei letzterer bei 10 bis 17 DM je Gigajoule.

Wird Waldrestholz als ein Nebenprodukt angesehen, sind ihm zusätzlich die für die Waldbewirtschaftung anfallenden Aufwendungen, beispielsweise für die Durchforstung, die Stammholzernte oder den Wegebau, anzulasten. Wird dem Waldrestholz beispielsweise rund ein Drittel des Waldbewirtschaftungsaufwandes zugerechnet, das entspricht etwa dem durchschnittlichen Anteil der technisch nutzbaren forstwirtschaftlichen Nebenprodukte am gesamten technisch gewinnbaren Biomasseaufkommen, errechnen sich daraus zusätzliche Kosten zwischen 1 und 3 DM je Gigajoule und damit Energiekosten zwischen 7 und 20 DM je Gigajoule.

Wird das Stammholz bei der holzverarbeitenden Industrie entrindet, liegt dort die Rinde bereits in zerkleinerter und damit weitgehend verbrennungsgerechter Form und konzentriert am Standort der Entrindungsanlage vor. Die Energieträgerkosten sind dann vernachlässigbar, da die Rinde hier ein zu entsorgendes Abfallprodukt darstellt und unterstellt wird, daß die Transport- und Aufbereitungskosten als Energieträger gerade die sonst anfallenden Deponierungs- oder anderweitigen Entsorgungskosten decken.

Ähnliches gilt auch für industrielles Restholz sowie für Straßenbegleitgrün und unter Umständen für Altholz. Diese Biomasse muß im Regelfall entsorgt werden. Die Entsorgungsaufwendungen decken dann die Bereitstellungskosten meist vollständig. Energieträgerkosten im eigentlichen Sinn fallen somit nicht an. Oft sind sogar noch Entsorgungserlöse zu erzielen. Damit entsprechen die Entsorgungserlöse weitgehend den Bereitstellungsaufwendungen. Energieträgerkosten im eigentlichen Sinn fallen nicht an.

Ähnlich wie bei Restholz kann bei der Energieträgerkostenanalyse auch Stroh einerseits als ein Abfall und andererseits als ein Nebenprodukt angesehen werden. Dadurch ist wieder ein unteres beziehungsweise oberes Kostenspektrum festgelegt. Wird diese Biomasse als ein nicht kostenmäßig zu bewertender Abfall der Getreideproduktion angesehen, errechnen sich die Kosten frei Anbaufläche aus den Aufwendungen für das Sammeln und Verdichten. Sie belaufen sich auf etwa 50 Pfennig je Hochdruckballen und etwa 18 DM für große Quaderballen. Daraus ergeben sich mit mittleren Heizwerten und durchschnittlichen Feuchten Energieträgerkosten frei Anbaufläche zwischen 2 und 4 DM je Gigajoule.

Wird dagegen das Stroh als ein monetär zu bewertendes Nebenprodukt der Getreideerzeugung angesehen und ihm ein Teil des Produktionsaufwandes für das Getreide angelastet, errechnen sich Energieträgerkosten von 10 bis 13 DM je Gigajoule frei Anbaufläche. Die Energieträgerkosten von Festbrennstoffen aus Getreideganzpflanzen resultieren aus der Summe der variablen Kosten und den entsprechenden Abschreibungen sowie den sonstigen Kosten. Bei dem gegenwärtig erzielbaren Energieaufkommen errechnen sich daraus Energieträgerkosten frei Anbaufläche zwischen 13 und 15 DM je Gigajoule.

Für die Bestimmung der Energieträgerkosten aus der von Gräsern gewinnbaren Biomasse kann unterstellt werden, daß für eine Plantage mit Chinaschilf rund 10 000 Pflanzen pro Hektar zu Stückkosten von rund 60 Pfennig benötigt werden. Mit den sonstigen Aufwendungen ergibt sich bei einem Nutzungszeitraum von 10 Jahren eine jährliche

Belastung von rund 1030 DM pro Hektar. Zusammen mit den jährlichen Kosten errechnen sich daraus Energieträgerkosten zwischen 8 und 21 DM je Gigajoule. Die Energieträgerkosten der Biomasse aus im Kurzumtrieb bewirtschafteten schnellwachsenden Baumarten folgen aus den Aufwendungen für das Anlegen der Kultur, für die Feldvorbereitung, die Pflanzen sowie das Bepflanzen und das Pflegen der Flächen. Daraus ermitteln sich mit den mittleren Bewirtschaftungsaufwendungen, den durchschnittlichen auf ein Jahr bezogenen Erntekosten und den Pachtaufwendungen für die benötigte Fläche Energieträgerkosten frei Anbaufläche zwischen 10 und 16 DM je Gigawatt ohne und von 14 bis 23 DM je Gigawatt mit einer Einzäunung gegen Wildfraß.

Davon ausgehend können die Wärmegestehungskosten beispielhaft für ein Einfamilienhaus abgeschätzt werden. Dabei zeigt sich, daß die Wärmegestehungskosten der betrachteten Optionen in einer ähnlichen Relation zueinander liegen wie die Energieträgerkosten. Getreideganzpflanzen sind durch hohe durchschnittliche Aufwendungen für die Wärme, Gräser durch die größte Bandbreite und im Kurzumtrieb bewirtschaftete schnellwachsende Baumarten durch die geringsten mittleren Kosten gekennzeichnet. Daß die Wärmegestehungsaufwendungen aus Biomasse, die in Kurzumtriebsplantagen produziert wurde, sich auf einem relativ geringen Niveau bewegen, liegt auch darin begründet, daß der Betriebsaufwand für die Verbrennung von holzartiger Biomasse durchschnittlich geringer ist als von strohartigen organischen Stoffen. Dabei sinken die Wärmegestehungskosten mit zunehmender installierter Anlagenleistung.

Umweltaspekte

Durch die Nutzung von Biomasse kommt es zu einer – vom jeweiligen flächenbezogenen Biomasseertrag abhängigen – fossilen Primärenergieeinsparung, wenn auf der Grundlage der gleichen Nutzenergiebereitstellung fossile Energieträger durch Bioenergieträger ersetzt werden. Dies gilt auch für die klimawirksamen Spurengase. Demgegenüber kommt es bei toxikologisch relevanten Gasfreisetzungen sehr wohl zu Mehremissionen bei der Nutzung von Biomasse. Dies liegt einerseits an den wechselnden

Brennstoffeigenschaften biogener Festbrennstoffe und andererseits an der noch verbesserungsfähigen Verbrennungstechnik.

Biokraftstoffe aus pflanzlichen Ölen und Fetten

In bestimmten Pflanzenkomponenten befinden sich Öle und Fette, die, in Reinform gewonnen, als Treib- und Brennstoffe eingesetzt werden können. Von den in Deutschland anbaubaren Ölpflanzen ist dabei insbesondere der Raps von Bedeutung. Die Rapssaat wird nach Ernte, Trocknung, Reinigung und Zwischenlagerung in der Ölmühle ausgepreßt und ein Teil des Öls gewonnen. In der daran anschließenden Extraktion wird das verbleibende Öl dem Preßrückstand entzogen. Es bleibt das sogenannte Rapsextraktionsschrot zurück. Das Pflanzenöl wird anschließend aufbereitet und gereinigt. Es kann dann in entsprechenden Motoren direkt genutzt werden. Da entsprechende Motoren kaum verbreitet sind und der Ersatz eines bereits üblicherweise eingesetzten Treibstoffs vielversprechender ist, wird das Rapsöl im Regelfall zu Rapsmethylester umgeestert. Dieser kann in den konventionellen Dieselmotoren (fast) problemlos zum Einsatz kommen.

In bestimmte Pflanzenkomponenten werden beim Pflanzenwachstum Zucker beziehungsweise Stärke eingelagert, zum Beispiel Zucker in den Zuckerrübenkörper oder Stärke in das Getreidekorn, die durch eine alkoholische Gärung in Ethanol umgewandelt werden können.

Die Zuckerrüben werden nach der Ernte zur Zuckerfabrik transportiert. Hier wird aus dem Rübenkörper der Zucker herausgelöst und ein sogenannter Rohsaft produziert, der als Ausgangsstoff für die Alkoholgärung dienen kann. Vergleichbar dazu wird das Getreide nach der Ernte zu der industriellen Weiterverarbeitung transportiert und nach einer entsprechenden Aufbereitung zunächst verzuckert, das heißt die langkettigen Stärkemoleküle werden mit Hilfe von Enzymen und Wasser zu Einfachzuckern aufgespalten. Erst dann können sie vergoren werden.

Das derart bereitgestellte Gärsubstrat wird anschließend unter Kohlendioxidfreisetzung durch die alkoholische Gärung in Ethanol umgewandelt, das anschließend durch eine Destillation und Rektifikation in Reinform gewonnen werden kann. Der verbleibende Rückstand, die sogenannte Schlempe, kann verfüttert, als Wirtschaftsdünger eingesetzt oder in einer Kläranlage aufbereitet und in den Vorfluter geleitet werden.

Alkohol kann im konventionellen Ottokraftstoff bis zu einem bestimmten Prozentsatz zugemischt werden. Dieser Mischkraftstoff ist problemlos in der bereits vorhandenen Fahrzeugflotte einsetzbar.

Potentiale

Wird auf den bereits genannten Flächen von 1, 2 und 4 Millionen Hektar ein Winterrapsanbau zur Pflanzenölproduktion unterstellt, errechnet sich ein gewinnbares Ölaufkommen zwischen 46 und 184 Petajoule pro Jahr. Wird demgegenüber aus Winterweizen beziehungsweise Zuckerrüben Alkohol produziert, liegt das korrespondierende Treibstoffaufkommen zwischen 63 und 423 Petajoule pro Jahr. Bezogen auf den Endenergieverbrauch im Verkehrssektor von 2541 Petajoule pro Jahr sind dies zwischen 1,8 und 7,1 Prozent beim Pflanzenöl und zwischen 2,4 und 16,3 Prozent beim Alkohol.

Zusätzlich wären noch das auf der Anbaufläche anfallende Stroh beim Raps und beim Weizen sowie die Blätter bei den Rüben energetisch nutzbar. Bei letzteren ist dies jedoch problematisch und wird deshalb hier nicht berücksichtigt. Außerdem kann das nach der Ölextraktion verbleibende Schrot als Futtermittel oder als Festbrennstoff eingesetzt werden. Dann sind insgesamt Energiepotentiale erschließbar, die bezogen auf den Endenergieverbrauch in Deutschland bei einer Rapsölerzeugung zwischen 1,3 und 6,5 Prozent und bei einer Alkoholgewinnung bei 1,2 bis 6,2 Prozent liegen.

Nutzung

Dieses Potential wird gegenwärtig nur zu einem kleinen Teil genutzt. In Deutschland wurden 1995 – bei einer Gesamtanbaufläche von 950 000 Hektar – etwa 336 000 Hektar mit Raps als nachwachsender Rohstoff bebaut. Dies entspricht einem hypothetischen Treibstoffpotential von rund 21 Petajoule pro Jahr. Bezogen auf den Endenergieverbrauch im Verkehrssektor in Deutschland im Jahr 1994 von 2541 Petajoule sind dies rund 0,8 Prozent. Jedoch ist davon auszugehen, daß de facto nur Raps von rund 30 000 bis 50 000 Hektar auch tatsächlich zum Einsatz im Treibstoffmarkt kommt. Der Rest wird nahezu vollständig in der Oliochemie eingesetzt. Damit wurden 1994 nur rund 1,9 bis 3,1 Petajoule als Treibstoff genutzt. Das in Koppelproduktion anfallende Rapsstroh wird praktisch nicht zur Energiebereitstellung eingesetzt. Es verbleibt auf dem Feld. Das Schrot findet (noch) seine Absatzmärkte als Futtermittel. Ein Einsatz als Brennstoff wird gegenwärtig nicht realisiert. Demgegenüber kommt Bioethanol als Kraftstoff praktisch nicht zum Einsatz.

Kosten

Die Gestehungskosten für Rapsmethylester aus Winterraps frei Fabrik ergeben sich aus den Produktionskosten für die Ölsaat (90 Pfennig bis 1,10 DM), den Transportkosten (etwa 5 Pfennig), den Extraktions- und Ölaufbereitungsaufwendungen (25 bis 30 Pfennig) und den Veresterungskosten einschließlich den Kosten für das benötigte Methanol (etwa 20 Pfennig) mit 1,40 bis 1,65 DM je Liter beziehungsweise 42,50 bis 50,10 DM je Gigajoule.

Dabei wurden die gesamten Kosten allein dem Pflanzenöl angelastet. Wird daher der Düngewert des Strohs (etwa 12 Pfennig), das Rapsschrot als Futtermittel (etwa 33 Pfennig) und das Glycerin als Chemierohstoff (maximal 5 Pfennig bezogen auf einen Liter Rapsmethylester) monetarisiert, resultieren daraus Rapsmethylesterkosten frei Fabrik von 90 Pfennig bis 1,15 DM je Liter beziehungsweise von 27,30 DM bis 35 DM je Gigajoule.

Die Alkoholkosten errechnen sich ebenfalls aus den Aufwendungen für die Erzeugung der Feldfrüchte und den Kosten für die industrielle Weiterverarbeitung. Daraus ergeben sich Kosten für den Alkohol frei Fabrik zwischen 95 Pfennig und 1,60 DM je Liter beziehungsweise von 44,60 DM bis 75,10 DM je Gigajoule.

Umweltaspekte

Biokraftstoffe sind beim Ersatz fossiler Treibstoffe mit einer Einsparung an fossiler Primärenergie verbunden. Damit kommt es auch zu einer Reduktion der klimawirksamen Spurengasfreisetzungen. Außerdem ist

Biodiesel beziehungsweise Rapsmethylester einfacher biologisch abbaubar. Dies hat große Vorteile, zum Beispiel beim Einsatz in Booten in Binnengewäsern, bei der Verlustschmierung der zur Waldbewirtschaftung eingesetzten Geräte und beim Einsatz in Wasserschutzgebieten.

Perspektiven erneuerbarer Energien

Vor dem Hintergrund des derzeitigen Standes der Technik, den vorhandenen Potentialen und den gegebenen Kostenrelationen untereinander und in Bezug auf die konventionellen Konkurrenzenergietechniken lassen sich die Perspektiven der verschiedenen Optionen analysieren. Dabei wird qualitativ zwischen einer Mittel- und Langfristperspektive unterschieden, die in etwa den Zeithorizonten 2005 und 2020 entsprechen könnte. Dabei wird unterstellt, daß die Sensibilität der Öffentlichkeit und auch der politischen Entscheidungsträger gegenüber Umweltproblemen weiter zunimmt. Außerdem kann durch weitere Forschungs- und Entwicklungsanstregungen eine Erhöhung der Wirkungs- und Nutzungsgrade, der Systemzuverlässigkeiten sowie der technischen Lebensdauern bei gleichzeitiger Reduktion der Investitionen und der Betriebskosten erreicht werden.

Stromerzeugung mit Wasserkraft

Die Technik zur Wasserkraftnutzung ist ausgereift verfügbar. Das technische Stromerzeugungspotential – obwohl für sich gesehen durchaus beachtlich – ist aber im Vergleich zu anderen regenerativen Optionen zur Stromerzeugung relativ gering. Es wird außerdem heute bereits zu rund drei Viertel genutzt. Dies liegt primär an den geringen bis moderaten Kosten, durch die eine Wasserkraftnutzung zur Stromerzeugung im Vergleich zu anderen Stromerzeugungstechniken gekennzeichnet ist. Werden die Ergebnisse der Energie- und der Emissionsbilanzen als Indikatoren für mit der Wasserkraftnutzung verbundene Umwelteffekte herangezogen, wird deutlich, daß sowohl die Energiebilanz als auch die Emissionsbilanzen im Vergleich zu denen anderer Möglichkeiten einer Strombereitstellung durch günstige bis sehr günstige Werte gekennzeichnet sind.

Vergleich und Ausblick
„Stromerzeugung aus Wasser, Wind und Sonne"

	Wasserkraft (Laufwasser-kraftwerk)	Windenergie (Windkraft-konverter)	Solarstrahlung (Photovoltaik)
Technik	+++	++...+++	+...++
Potentiale	+	++	+++
Nutzung	+++	++	+
Kosten	++...+++	++...+++	+
Umweltaspekte			
– Energiebilanz	+++	+++	+
– Materialbilanz	+++	+++	+
Energiewirt. Bedeutung			
– heute	++	++	+
– mittelfristig	++	++	+
– langfristig	++	+++	++

+ = ungünstig; +++ = günstig
Quelle: IER, Universität Stuttgart

Damit hat die Wasserkraft heute schon eine gewisse energiewirtschaftliche Bedeutung. Trotzdem sind die Zukunftsperspektiven und damit die mittel- und langfristige energiewirtschaftliche Bedeutung dieser Technik beschränkt. Die Wasserkraft wird auch in Zukunft nur die Rolle im Energiesystem der Bundesrepublik Deutschland spielen können, die sie gegenwärtig bereits inne hat. Wesentliche zusätzliche Anteile des technischen Potentials sind aus wirtschaftlichen und zunehmend auch aus anderen Gründen, zum Beispiel Natur- und Landschaftsschutzgesetzgebung, Restwasserproblematik und Widerstände der Anrainer, kaum nutzbar. Dies gilt für Klein- und Großanlagen. Eine verstärkte Potentialausnutzung bei größeren Anlagen erscheint in erster Linie durch den Ersatz bestimmter Anlagenteile bei älteren Anlagen durch neue und leistungsfähigere Komponenten möglich. Gleichzeitig ist ein Rückgang der Stromerzeugung aus Ausleitungskraftwerken zu erwarten, da beim Erneuern der Wasserkonzessionen meist ein höherer Restwasseranteil vorgeschrieben wird. Bei Kleinanlagen sind demgegenüber noch bisher ungenutzte Standorte erschließbar. So ist beispielsweise in den neuen Bundesländern noch ein gewisses Potential, insbesondere durch die Reaktivierung ehemals stillgelegter Kraftwerke, gegeben. Aufgrund der Potential- und Kostensituation sind hier die Möglichkeiten jedoch auch begrenzt. In der Summe dürfte damit die energiewirtschaftliche Bedeutung der Wasserkraft auch zukünftig etwa auf dem gegenwärtigen Niveau verbleiben.

Strom aus Wind

Eine Windstromerzeugung mit Horizontachsenkonvertern ist aufgrund der erfolgreichen Entwicklungsarbeiten der letzten 10 Jahre Stand der Technik. Trotzdem sind in einem geringen Ausmaß noch Optimierungspotentiale erschließbar. Weiterhin weist die Windenergie in Deutschland erhebliche Potentiale auf dem Festland und insbesondere vor der Küste auf, die in dieser Größenordnung den im Strombereitstellungssystem nutzbaren Anteil übersteigen. Verglichen mit diesen hohen technischen Potentialen ist die Nutzung nach wie vor gering. Sie war aber in den letzten Jahren durch beträchtliche Zuwächse gekennzeichnet. Dies ist neben den auf Länderebene teilweise gewährten Investitionszuschüssen primär auf das Stromeinspeisegesetz zurückzuführen. Trotz dieser staatlichen Maßnahmen konnte dieser erhebliche Nutzungsanstieg aber nur erreicht werden, weil die Windstromerzeugung durch vergleichsweise geringe bis moderate Stromgestehungskosten gekennzeichnet ist. Werden auch hier die Ergebnisse der Energie- und der Emissionsbilanzen als Indikatoren für mit der Windstromerzeugung verbundenen Umwelteffekte herangezogen, zeigt sich, daß die Energiebilanz und die Emissionsbilanzen deutlich positiv sind und damit den Einsatz dieser Technik aus umweltlicher Sicht durchaus zu befürworten ist.

Ausgehend davon, hat die Windkraftnutzung in Deutschland in den letzten Jahren eine gewisse energiewirtschaftliche Bedeutung erlangt. Ihre Bedeutung dürfte in den nächsten Jahren weiter merklich ansteigen. Bleibt der durch das Stromeinspeisegesetz vorgegebene ökonomische Rahmen erhalten – und dies ist aus gegenwärtiger Sicht zu erwarten –, werden die weiter gesunkenen Kosten der neuen Generation von Windkraftanlagen im Megawatt-Bereich eine weitere Zunahme der Windstromerzeugung in Deutschland bedingen. Der in der Anfangsphase teilweise unkoordinierte Ausbau insbesondere in sehr windreichen Küstengebieten und die daraus resultierende schon vergleichsweise hohe Anlagenbestandsdichte hat jedoch zu einem zunehmenden Widerstand in der Bevölkerung gegen einen weiteren Ausbau geführt. Es bleibt daher abzuwarten, ob die durch die Windkraftanlagen bedingten visuellen Veränderungen des Landschaftsbildes nicht noch zu weiteren Akzeptanzproblemen führen werden und dadurch die hohen Erwartungen in diese Technik reduzieren könnten. Andererseits hat die Windenergie in weiten Kreisen der Bevölkerung immer noch das Ansehen einer umweltfreundlichen und klimaverträglichen Möglichkeit der Energiebereitstellung. Deshalb ist es ein wesentliches mittelfristig zu erreichendes Ziel, zu versuchen, diese Akzeptanzprobleme durch entsprechende Maßnahmen zu lösen. Wird zusätzlich davon ausgegangen, daß mittel- bis langfristig die Konverter im Leistungsbereich einiger bis weniger 100 Kilowatt durch Großanlagen im Megawatt-Bereich ersetzt werden, kann langfristig ohne in einem wesentlichen Ausmaß neue Flächen zu belegen, die Windstromerzeugung mit insgesamt weniger Windkraftanlagen deutlich erhöht werden. Dadurch dürfte langfristig die energiewirtschaftliche Bedeutung der Windstromerzeugung merklich zunehmen. Optimistische Schätzungen gehen davon aus, daß langfristig die Windstromerzeugung etwa die Bedeutung erlangen könnte, die die wassertechnische Stromerzeugung im Energiesystem der Bundesrepublik Deutschland heute innehat.

Direkte Umwandlung mit Photovoltaik

Die Technik der photovoltaischen Stromerzeugung ist funktionsfähig verfügbar. Sie ist jedoch insgesamt gesehen noch durch ein merkliches und in Teilbereichen erhebliches Entwicklungspotential gekennzeichnet. Aufgrund der hohen technischen Potentiale, die auf Dachflächen ohne zusätzlichen Flächenverbrauch erschließbar sind, stellt die Photovoltaik aber eine der wichtigsten Stromerzeugungsoptionen aus erneuerbaren Energien in Deutschland dar. Dem stehen jedoch die derzeit noch hohen Kosten entgegen, die erheblich über den Vergütungssätzen aus dem Stromeinspeisegesetz liegen. Daraus resultiert die derzeit nur sehr geringe Nutzung, die nahezu ausschließlich aus Forschungs- und Demonstrationsanlagen resultiert. Werden wieder die Energie- und der Emissionsbilanzen als Indikatoren für die mit dieser Technik verbundenen Umwelteffekte herangezogen, wird deutlich, daß die Energiebilanz aufgrund der energieaufwendigen Fertigung und der nach wie vor geringen Wirkungsgrade vergleichsweise ungünstig ist. Dies gilt auch für die Emissionsbilanzen, die verglichen mit einer Strombereitstellung aus fossilen Energieträgern in Teilbereichen zwar immer noch deutlich besser, verglichen mit einer wasser- und windtechnischen Strombereitstellung jedoch deutlich ungünstiger sind.

Ausgehend davon, ist die energiewirtschaftliche Bedeutung der Photovoltaik in Deutschland gegenwärtig sehr gering. Selbst wenn mittelfristig erhebliche Kostenreduktionen bei den Photovoltaikmodulen und bei den anderen Systemkomponenten, im wesentlichen Wechselrichter, erreicht werden, wird eine auch nur näherungsweise wirtschaftliche Stromerzeugung netzgekoppelt in Deutschland kaum möglich sein. Deshalb ist zu erwarten, daß die Photovoltaik mittelfristig nicht signifikant zur Energieversorgung wird beitragen können. Energiewirtschaftliche Bedeutung wird die Photovoltaik nur dann erlangen, wenn es gelingt, signifikante Kostenreduktionen bei einer gleichzeitigen deutlichen Wirkungsgrad- und Systemtechnikverbesserung zu erzielen. Dies kann jedoch langfristig nur erreicht werden, wenn eine kontinuierliche Forschung auf hohem Niveau und eine möglichst breite Anwendung in heute erreichbaren und zukünftig größer werdenden Pilotmärkten realisiert wird. Hier böten sich beispielsweise netzferne Anwendungen oder die Mini- und Mikroleistungsbereitstellung, wie zum Beispiel in Uhren oder Taschenrechner, an. Kann dies nicht erreicht werden, ist zu befürchten, daß der Beitrag der Photovoltaik zur Energieversorgung dauerhaft unterhalb energiewirtschaftlicher Dimension und Bedeutung bleibt. Insgesamt dürfte damit die Photovoltaik langfristig an Bedeutung gewinnen. Aufgrund der enormen Potentiale und der grundsätzlich dieser Technik innewohnenden Vorteile stellt sie eine der wesentlichen Zukunftsoptionen zur umwelt- und klimaverträglichen Stromerzeugung dar.

Vergleich und Ausblick „Wärmebereitstellung aus Sonne, Umgebungswärme und Erdwärme"

	Solarstrahlung (Solarthermische Anlage)	Umgebungsluft und Erdreich (Wärmepumpe)	Erdwärme (Geothermische Heizzentrale)
Technik	++...+++	++	++...+++
Potentiale	+++	+++	+++
Nutzung	+	+...++	+
Kosten	+...+++	+	+...++
Umweltaspekte			
– Energiebilanz	+++	++...+++	++...+++
– Materialbilanz	+++	+...+++	++...+++
Energiewirt. Bedeutung			
– heute	+	+	+
– mittelfristig	++	++	++
– langfristig	+++	+++	+++

+ = ungünstig; +++ = günstig
Quelle: IER, Universität Stuttgart

Wärmebereitstellung mit Solarthermie

Die Technik zur solaren Wärmebereitstellung mit solarthermischen Anlagen wurde in den letzten Jahren infolge der doch enormen Anstrengungen der Wissenschaft und der Industrie erheblich verbessert. Sie ist heute weitgehend betriebssicher verfügbar. Die technischen Potentiale sind so hoch, daß praktisch die gesamte deckbare Niedertemperaturwärmenachfrage auch gedeckt werden kann. Für die energiewirtschaftlichen Möglichkeiten bestimmend ist damit die Nachfrage und nicht das Angebot. Unter günstigen Voraussetzungen können die Kosten der solarthermischen Warmwasserbereitstellung relativ niedrig sein. In Sonderfällen, wie bei der solaren Wassererwärmung in Schwimmbädern, ist eine Wirtschaftlichkeit bereits gegeben. Die Kosten einer Warmwasserbereitstellung als der typische Einsatzfall sind jedoch immer noch vergleichweise hoch. Aufgrund des jahreszeitlich erheblichen Schwankungen unterworfenen Strahlungsangebots können solarthermische Anlage ohne eine saisonale Speicherung nicht das ganze Jahr Wärme bereitstellen, deshalb kann auf ein konventionelles Heizungssystem meist nicht verzichtet werden. Damit kann die solarthermische Anlage nur gegen die vermiedenen – gegenwärtig sehr geringen – fossilen Brennstoffkosten gegengerechnet werden. Entsprechend gering ist derzeit die Nutzung dieser Technik. Sie ist aber deutlich höher, als es anhand der ökonomischen Rahmendaten zu erwarten wäre. Dies liegt darin begründet, daß für den Besitzer eines Eigenheimes die Investition in eine solarthermische Warmwasserbereitungsanlage unterhalb einer gewissen „Schmerzgrenze" liegt und es „schick" und „modern" ist, eine derartige Anlage zu besitzen. Werden auch hier die Energie- und der Emissionsbilanzen als Indikatoren für die mit der solarthermischen Wärmebereitstellung verbundenen Umwelteffekte herangezogen, zeigt sich, daß die Energiebilanz und die Emissionsbilanzen deutlich positiv sind und diese Kenngrößen damit einen weitergehenden Einsatz zur Reduzierung der energiebedingten Umweltauswirkungen vielversprechend erscheinen lassen.

Insgesamt ist damit aber die energiewirtschaftliche Bedeutung der solarthermischen Wärmegewinnung gegenwärtig gering. Aus heutiger Sicht dürfte aber die Bedeutung der solarthermischen Wärmegewinnung im Energiesystem der Bundesrepublik Deutschland mittel- bis langfristig zunehmen. Solar erwärmtes Wasser dürfte dann einen deutlich über den gegenwärtigen Anteil hinausgehenden Beitrag zur Deckung der Wärmenachfrage in Deutschland leisten. Dies liegt einerseits daran, daß sich das Image der solarthermischen Wärmegewinnung weiter verbessern dürfte und damit potentielle Anlagenbetreiber eher bereit sind, die anfallenden Mehrkosten zu tragen. Andererseits wird die Technik weiter verbessert bei gleichzeitiger Reduktion der Kosten. Auch kann eine solare Wärmegewinnung teilweise günstiger sein als eine verbesserte Wärmedämmung. Dies dürfte insgesamt dazu führen, daß die energiewirtschaftliche Bedeutung der Solarthermie mittel- und insbesondere langfristig zunehmen wird. Mit der weiteren Verbreitung dieser Technik wird zunehmend auch Wärme zur Raumwärmebereitstellung, insbesondere in der Übergangszeit, bereitgestellt werden.

Umgebungsluft und oberflächennahes Erdreich

Die Technik einer Wärmebereitstellung mit Wärmepumpen aus Umgebungsluft und aus dem oberflächennahen Erdreich wurde in den letzten 15 Jahren deutlich verbessert. Heute ist die Wärmepumpe weitgehend betriebssicher verfügbar, auch wenn die Arbeitszahlen durchaus noch verbesserungswürdig sind. Die Potentiale und damit der mögliche Beitrag zur Deckung der Niedertemperaturwärmenachfrage ist ähnlich wie bei der Solarthermie sehr hoch. Bestimmend für die Möglichkeiten ist nicht das Wärmeangebot der Außenluft und Umgebungswärme beziehungsweise des oberflächennahen Erdreiches und des Grundwassers, sondern die mit Wärmepumpen deckbare Niedertemperaturwärmenachfrage. Trotz der vergleichsweise hohen Kosten wird infolge der in der Vergangenheit und auch derzeit gewährten Stützung diese Technik bereits in Ansätzen genutzt. Ebenso nehmen seit den letzten beiden Jahren die neu installierten Wärmepumpenanlagen wieder zu. Werden auch hier die Energie- und Emissionsbilanzen als Indikatoren für die mit der Wärmepumpe zur Wärmebereitstellung verbundenen Umwelteffekte herangezogen, zeigt sich, daß beide Kenngrößen durchaus schwanken können, meist aber für einen verstärkten Einsatz dieser Technik sprechen. Dabei wird die Energiebilanz einer Elektrowärmepumpe einerseits bestimmt durch den Wirkungsgrad des Kraftwerksparks, der die elektrische Energie bereitstellt, und andererseits durch die Arbeitszahl der Wärmepumpe. Gleiches gilt im übertragenen Sinne auch für die Emissionsbilanzen. Wird daher beispielsweise der Strom für die Elektrowärmepumpe in alten braunkohlegefeuerten Kraftwerken mit einem schlechten Wirkungsgrad und hohen Übertragungsverlusten bereitgestellt, ist die Wärmepumpe aus emissionstechnischer Sicht ungünstiger zu bewerten als ein Gasbrennwertkessel. Wird demgegenüber ausschließlich Strom aus Wasserkraft eingesetzt, wie es zum Beispiel in Norwegen der Fall ist, sind die Emissionsbilanzen der Wärmepumpe erheblich besser.

Damit hat die Wärmebereitstellung aus der Umgebungsluft und dem oberflächennahen Erdreich heute schon eine gewisse, jedoch insgesamt geringe, energiewirtschaftliche Bedeutung. Aufgrund der Vorteile dieser Technik hinsichtlich der in Deutschland möglichen Umweltentlastung und der hohen Potentiale ist jedoch davon auszugehen, daß die Wärmepumpe mittel- bis langfristig an Bedeutung gewinnen wird und einen größeren Beitrag zur Lösung der Energie- und Klimaprobleme wird leisten können.

Hydrothermale Wärmegewinnung

Wärme aus hydrothermalen Erdwärmevorkommen wird in einem sehr begrenzten Ausmaß bereits in entsprechenden Geoheizzentralen in Deutschland genutzt. Diese Nutzung ist verglichen mit Frankreich beispielsweise aber noch sehr gering. Die Technik stellt dabei auch in Deutschland durch die in Nordostdeutschland betriebenen Anlagen ihre Praxistauglichkeit und die hohe Verfügbarkeit unter Beweis. Die Anlagentechnik kann damit als betriebssicher verfügbar angesehen werden, obwohl infolge des teilweise sehr hohen Salzgehalts der hydrothermalen Tiefenwässer immer wieder Korossionsprobleme auftreten. Vorteilhaft für diese Möglichkeit zur Deckung der Niedertemperaturwärmenachfrage ist auch das hohe verfügbare Potential, das die nachgefragte Wärme deutlich übersteigt. Die derzeit geringe Nutzung liegt hauptsächlich in den hohen Kosten begründet. Sie resultieren einerseits aus den hohen Aufwendungen für das Abteufen der Bohrungen bei einer relativ hohen Wahrscheinlichkeit, daß die Bohrung nicht durch die benötigten Lagerstättenparameter gekennzeichnet ist. Andererseits sind auch die Aufwendungen für das Verteilen der Wärme von der geothermischen Heizzentrale zum Letztverbraucher beachtlich. Daraus resultieren deutlich über dem fossilen Energieträgerpreisniveau liegende Kosten. Werden wieder die Energie- und Emissionsbilanzen als Indikatoren für die mit der hydrothermalen Wärmebereitstellung verbundenen Umwelteffekte herangezogen, zeigt sich auch hier ein deutlicher Umweltvorteil. Er wird im wesentlichen bestimmt durch die Anlagenauslegung, da die Energiebilanz und damit auch die Emissionsbilanzen weitgehend durch die im Regelfall zugefeuerten fossilen Energieträger beeinflußt werden.

Trotz der gegenwärtig geringen energiewirtschaftlichen Bedeutung sind die mittel- und insbesondere langfristigen Perspektiven einer hydrothermalen Wärmebereitstellung beachtlich. Diese Technik kann durchaus einen merklichen und auch kostengünstigen Beitrag zum Energiesystem der Bundesrepublik Deutschland bei gleichzeitiger signifikanter Reduktion der energiebedingten Stofffreisetzungen leisten.

Die hydrothermale Wärmebereitstellung kann – längerfristig gesehen – ein wichtiger Bestandteil des deutschen Energiesystems werden.

Nutzenergie aus Biomasse

Biomasse kann durch eine Vielzahl unterschiedlicher Prozesse und Verfahren zur Deckung der Nutzenergienachfrage eingesetzt werden. Neben den Möglichkeiten einer Wärmebereitstellung aus biogenen Festbrennstoffen und der Bereitstellung flüssiger Energieträger, sogenannter Biokraftstoffe, gibt es eine Reihe weitere Verfahren, organische Stoffe zur Energiebereitstellung zu nutzen.

Die Technik zur Wärmebereitstellung aus biogenen Festbrennstoffen ist verfügbar und seit Jahren Stand der Technik. Außerdem sind die Potentiale vergleichsweise hoch. Die gegenwärtig absolut gesehen zwar schon beachtliche, auf das Energiesystem bezogen jedoch nur geringe Nutzung resultiert im wesentlichen aus den hohen Kosten einer Energiegewinnung aus Biomasse. Dabei ist die Nutzung biogener Festbrennstoffe mit einer ganzen Reihe von Umweltvorteilen verbunden. Wieder können die Energie- und die Emissionsbilanzen als Indikatoren für die mit einer Nutzenergiebereitstellung verbundenen Umwelteffekte herangezogen werden. Dabei zeigt sich, daß die Energiebilanz durch sehr gute Werte gekennzeichnet ist. Die Emissionsbilanzen können im Vergleich zu denen fossiler Energieträger deutlich günstiger, zum Beispiel bei den Kohlendioxidemissionen, oder merklich ungünstiger, zum Beispiel bei einigen toxischen Stofffreisetzungen, sein. Würden keine festen Bioenergieträger im Energiesystem von Deutschland genutzt, wären beispielsweise die anthropogenen Kohlendioxidfreisetzungen knapp ein Prozent höher als sie derzeit de facto sind.

Damit haben biogene Festbrennstoffe heute schon eine gewisse energiewirtschaftliche Bedeutung. Sie wird in Zukunft mit hoher Wahrscheinlichkeit deutlich zunehmen. Dies liegt einerseits in den durchaus beachtlichen Potentialen begründet. Andererseits sind die Mehrkosten, insbesondere bei der Nutzung von Rückständen wie Durchforstungsholz, Industrierestholz oder Stroh, gegenwärtig schon vergleichsweise gering. Biomasse dürfte deshalb mittel- bis langfristig merklich zur Deckung der Wärmenachfrage – auch im Bereich der Hochtemperaturwärme – in Deutschland beitragen. Sie stellt im Vergleich zu vielen anderen Optionen zur Nutzung des regenerativen Energieangebots damit eine sehr vielversprechende Möglichkeit dar, die zunehmend auch Eingang in die kommunalen Planungsüberlegungen findet und deren Image sich in einem deutlichen Aufwärtstrend befindet.

Die Bereitstellung flüssiger Energieträger aus Biomasse ist weitgehend Stand der Technik. Dies gilt für pflanzenölbasierte Treibstoffe aufgrund der seit Jahren großtechnisch umgesetzten Pflanzenölproduktion und für Bioethanol wegen der seit Generationen realisierten Trinkalkoholherstellung. Die Potentiale sind jedoch aufgrund der nicht unbegrenzt verfügbaren Flächen beschränkt und reichen bei weitem nicht, die Nachfrage nach Treibstoff in Deutschland auch nur annähernd zu decken. Auch sind die Kosten sowohl der Rapsmethylesterproduktion als auch der Bioethanolherstellung verglichen mit dem fossilen Energieträgerpreisniveau sehr hoch. Daraus resultiert eine gegenwärtig nur sehr geringe Nutzung beim Rapsmethylester und praktisch keine Nutzung beim Bioethanol. Werden die Energie- und die Emissionsbilanzen als Indikatoren für die mit einer Nutzenergiebereitstellung verbundenen Umwelteffekte herangezogen, zeigt sich, daß die Energiebilanz zwar positiv, aber trotzdem vergleichsweise schlecht ist. Dies liegt darin begründet, daß von der gesamten oberirdischen Biomasse nur ein Teil nutzbar ist, der zusätz-

Biomasse kann schon mittelfristig merklich zur Deckung der Wärmenachfrage beitragen

lich mit einem hohen technischen und energetischen Aufwand gewonnen werden muß. Beispielsweise befindet sich in der Rapssaat als kleiner Teil der Rapspflanze nur rund 40 Prozent Öl. Entsprechend sind auch die Emissionsbilanzen zum Teil nicht sehr vielversprechend.

Die energiewirtschaftliche Bedeutung flüssiger Bioenergieträger ist damit gegenwärtig gering. Es ist auch nicht zu erwarten, daß sie mittelfristig erheblich ansteigen wird. Aufgrund der aufwendigen Produktion und damit systemimmanent hohen Kosten sowie der begrenzten Potentiale können flüssige Bioenergieträger immer nur einen geringen Teil zur Deckung der Energienachfrage im Treibstoffmarkt Deutschlands beitragen. Erst langfristig könnte – unter sehr günstigen Bedingungen – die Bedeutung flüssiger Bioenergieträger geringfügig ansteigen. Davon unberührt bleiben bestimmte Nischenmärkte, die heute schon eine gewisse und in Zukunft deutlich ansteigende Bedeutung haben. Dies gilt beispielsweise für den Rapsöleinsatz zur Verlustschmierung in der Forstwirtschaft. Hier ist das Pflanzenöl aufgrund der besseren biologischen Abbaubarkeit im Vergleich zu mineralischen Schmierstoffen durch eindeutige Umweltvorteile gekennzeichnet. Aufgrund des steigenden Umweltbewußtseins dürften hier zunehmend Nischen erschlossen werden können, die einen weiterverbreiteten Einsatz von Biotreibstoffen ermöglichen.

Neben den Möglichkeiten einer Wärmebereitstellung aus festen Biomassen und einer Produktion von Treibstoffen gibt es eine ganze Reihe weiterer Verfahren und Techniken, auf der Basis organischer Stoffe Energie bereitzustellen. Sie sind durch einen sehr unterschiedlichen Stand der Technik gekennzeichnet und können bereits weitgehend verfügbar sein, wie zum Beispiel die Klärgaserzeugung aus Klärschlamm, oder sich noch im Forschungs- und Entwicklungsstadium befinden, wie zum Beispiel die Produktion von Pyrolyseöl. Obwohl die Potentiale meist hoch sind, ist die Nutzung im Regelfall und abgesehen von bestimmten Nischenanwendungen gering. Entsprechend sind die Kosten hoch bis sehr hoch. Sie können nur dann moderat sein, wenn Entsorgungserlöse gutgeschrieben werden können, wie das beispielsweise bei der anaeroben Behandlung des Klärschlamms der Fall ist. Entsprechend den gegebenen Variationen zwischen den verschiedenen Verfahren sind auch die Energie- und Emissionsbilanzen als Indikator für die mit diesen Techniken beziehungsweise Verfahren verbundenen Umwelteffekte sehr uneinheitlich.

Die energiewirtschaftliche Bedeutung der sonstigen Verfahren zur Nutzung organischer Stoffe ist derzeit sehr gering. Sie wird mittel- bis langfristig merklich ansteigen, da mit diesen Verfahren ein Beitrag zur Lösung der Abfallproblematik und damit letztlich auch zur Schließung der Stoffkreisläufe geleistet werden kann. Infolge des Kreislaufwirtschaftsgesetzes ist deshalb zu erwarten, daß die Bedeutung derartiger Techniken und Verfahren zunehmen wird, auch wenn die Energiebereitstellungskosten über denen der fossilen Energieträger liegen. Derartige Möglichkeiten werden damit einen steigenden Beitrag zur Lösung insbesondere der Abfallproblematik bei gleichzeitiger Reduktion der energiebedingten Umwelt- und Klimaauswirkungen leisten müssen.

Fazit

Die systemtechnische und energiewirtschaftliche Analyse der Perspektiven regenerativer Energien in Deutschland erlaubt einen Ausblick auf die bevorstehende Entwicklung. Dabei kann zwischen den Möglichkeiten einer direkten Stromerzeugung aus erneuerbaren Energien, einer Bereitstellung von (Niedertemperatur-)Wärme und einer Nutzung von Biomasse unterschieden werden.

Von den Möglichkeiten einer regenerativen Stromerzeugung aus Sonne, Wind und Wasser ist die photovoltaische Stromerzeugung durch die höchsten, die Windstromerzeugung durch geringere und eine Elektrizitätsgewinnung aus Wasserkraft durch relativ kleine technische Potentiale gekennzeichnet. Umgekehrt wird eine Stromerzeugung aus Wasserkraft bereits relativ weitgehend, aus Windenergie wenig und aus der eingestrahlten Solarenergie kaum genutzt. Aufgrund der Potential- und Kostensituation ist zukünftig ein nur geringfügiger Ausbau der Wasserkraft- und eine weitere deutliche Zunahme der Windkraftnutzung zu erwarten. Demgegenüber wird die photovoltaische Stromerzeugung auch in Zukunft eher auf Sonderanwendungen beschränkt bleiben, die jedoch in immer weiteren Bereichen der Volks- beziehungsweise Energiewirtschaft zu finden sein werden, falls nicht über den gegenwärtigen Trend hinausgehende

Kostensenkungen realisiert werden können, die auch eine großtechnische netzgekoppelte Erzeugung wirtschaftlich ermöglichen könnten.

Von allen Möglichkeiten einer regenerativen Bereitstellung von Niedertemperaturwärme ist die solare Wärmegewinnung durch das höchste technische Potential gekennzeichnet. Aber auch die Potentiale einer Nutzung der in der Umgebungsluft und den oberflächennahen Erdschichten gespeicherten Energie sowie der hydrothermalen Erdwärme sind beachtlich und sehr wohl energiewirtschaftlich relevant. Damit sind zur Deckung der Niedertemperaturwärmenachfrage in Deutschland mit regenerativen Energien durchaus viele Möglichkeiten gegeben, die bereits weitgehend technisch verfügbar sind. Trotzdem ist die Nutzung aufgrund der – im Vergleich zu einer Nutzung fossiler Energieträger – hohen bis sehr hohen Energiebereitstellungskosten bisher noch sehr gering. Es ist aber zu erwarten, daß zukünftig hier die Nutzung merklich zunehmen wird.

Biomasse leistet von allen Möglichkeiten einer Nutzbarmachung des regenerativen Energieangebots – vielleicht mit Ausnahme der Wasserkraft – gegenwärtig den größten Anteil zur Deckung der Energienachfrage in Deutschland. Beispielsweise wird das Industrierestholz nahezu vollständig energetisch verwertet. Dies gilt auch für Teile des anfallenden Altholzes. Trotzdem sind zum Teil noch erhebliche ungenutzte Potentiale gegeben, für deren Erschließung zwar die technischen Voraussetzungen bereits in weiten Bereichen geschaffen wurden, die derzeit noch hohen bis sehr hohen Energiegestehungskosten dies aber weitgehend verhindern. Dies gilt insbesondere für die Möglichkeiten eines Energiepflanzenanbaus mit Ausnahme – aufgrund der hohen Subventionen – des Biodiesels. Mittel- bis langfristig wird die Biomasse aber deutlich mehr zur Deckung der Energienachfrage und damit zur Reduktion der energiebedingten Umweltauswirkungen beitragen.

Insgesamt sind damit die Möglichkeiten einer Nutzung des regenerativen Energieangebots in Deutschland beachtlich. Angebotsseitig könnten die erneuerbaren Energien insgesamt knapp die Hälfte des gegenwärtigen Primärenergieverbrauchs bereitstellen. Trotzdem kommen die erneuerbaren Energien zur Deckung der Energienachfrage momentan – mit Ausnahme der Wasserkraft und der Biomasse – kaum zum Einsatz. Dies liegt – neben den teilweise hohen Energieträger- beziehungsweise Nutzenergiebereitstellungskosten verglichen mit dem gegenwärtigen Energiepreisniveau in Deutschland – auch an einer Reihe weiterer restriktiver Parameter, wie zum Beispiel an einer mangelnden Information der potentiellen Nutzer oder an Vorbehalten der Anlagenbetreiber und Anlageninstallateure gegenüber neuen, unbekannten Techniken.

Das vorrangige Ziel einer auf eine Minimierung der Umwelt- und Klimaeffekte ausgerichteten und langfristig angelegten Energiepolitik muß es deshalb – insbesondere vor dem Hintergrund der relativen Umweltfreundlichkeit einer Energiebereitstellung aus regenerativen Energien – sein, die noch gegebenen Hemmnisse abzubauen und damit die Randbedingungen für eine verstärkte Erschließung der erneuerbaren Energiepotentiale zu verbessern. Dies gilt insbesondere für die Optionen, die durch niedrige Energiegestehungskosten gekennzeichnet sind und deren Nutzung – verglichen mit den gegenwärtig eingesetzten fossilen Energieträgern – mit einer Reihe positiver Umwelteffekte verbunden ist. Dies könnte durch eine konsequente und langfristig angelegte Forschungs- und Entwicklungsstrategie mit einer entsprechenden Mittelausstattung unterstützt werden, durch die die noch vorhandenen technischen Probleme bei der Nutzbarmachung der verschiedenen regenerativen Energien sukzessive gelöst werden und dadurch – unter Umständen unterstützt durch eine gegebenenfalls notwendige Änderung der energiewirtschaftlichen Rahmenbedingungen, zum Beispiel infolge einer Verteuerung der fossilen Energieträger – die breite Markteinführung ermöglicht wird. Dabei sollten die erneuerbaren Energien im Kontext integrierter Energieversorgungskonzepte genutzt werden. Dadurch können die verschiedenen dargebotsbedingten Nachteile der einzelnen Optionen ausgeglichen und somit ein hohes Maß an Versorgungssicherheit erreicht werden. Mittelfristig könnte so eine umweltfreundlichere, klimaverträglichere und ressourcenschonendere Energieversorgung in Deutschland aufgebaut werden.

Die Autorinnen und Autoren

1 Dr.-Ing. **Manfred Fischedick**, Prof. Dr. **Peter Hennicke**, Abteilung Energie, Wuppertal Institut für Klima, Umwelt, Energie GmbH im Wissenschaftszentrum Nordrhein-Westfalen, Wuppertal

2 **Joachim Benemann, Renate Piesker-Spahn**, Pilkington Solar International GmbH, Köln

3 Dr. **Iver Lauermann**, Institut für Angewandte Photovoltaik GmbH (INAP), Gelsenkirchen

4 Prof. Dr. **Jürgen Garche**, Zentrum für Sonnenenergie und Wasserstoff-Forschung Baden-Württemberg, Ulm, **Peter Harnisch**, Akku Gesellschaft KG, Taubenheim

5 Prof. Dr.-Ing. **Heinz Barthels**, Institut für Energieverfahrenstechnik, Forschungszentrum Jülich

6 Dr. **Karsten Voss**, Leiter der Gruppe Solares Bauen am Fraunhofer-Institut für Solare Energiesysteme (Fh-ISE), Freiburg, Dr. **Volker Wittwer**, Leiter der Abteilung Thermische und Optische Systeme Fh-ISE, Prof. Dr. **Joachim Luther**, Institutsleiter Fh-ISE, Prof. für Physik, Uni Freiburg

7 **Sven Teske**, Dipl.-Ing., Energie-Campaigner, verantwortlich für den Bereich Energie/Solar und Leiter des Greenpeace Energie-Projektes, Greenpeace Deutschland, Hamburg

8 Prof. Dr. **Joachim Grawe**, Hauptgeschäftsführer der Vereinigung Deutscher Elektrizitätswerke e.V. (VDEW), Frankfurt

9 Prof. Dr. **Michael Mende**, Hochschule für Bildende Künste Braunschweig

10 Dr. **Ernst Huenges**, GeoForschungsZentrum (GFZ), Potsdam

11 Prof. Dr.-Ing. **Werner Hlubek**, Vorstand der RWE Energie AG, zuständig für den Unternehmensbereich Kraftwerke, und Vorstand der RWE AG, zuständig für Forschung und Entwicklung, Essen

12 Dr.-Ing. **Martin Kaltschmitt**, Institut für Energiewirtschaft und Rationelle Energieanwendung (IER), Universität Stuttgart, Dr.-Ing. **Andreas Wiese**, Lahmeyer International GmbH, Frankfurt

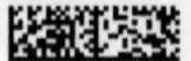